就爱住乡村风的家

漂亮家居编辑部　著

中国水利水电出版社
www.waterpub.com.cn
·北京·

目录 CONTENTS

PART_2

PART_3

PART_4

PART 1

CASE

空间元素

如诗似画的美式
乡村居家场景

文—李平陵 空间设计暨图片提供—尚展空间设计

房主 汪太太 喜爱烹饪与研究食谱，向往美式乡村风的闲适情调，并钟情美国经典家饰品牌 ETHAN ALLEN，喜爱家居空间带有真实的生活感。

HOME DATA

面积 80 坪[注1]
屋型 单层
家庭成员 夫妻、长辈、孩子 ×2
格局 玄关、客厅、餐厅、书房、厨房、客用卫浴、主卧、
主卧卫浴、次卧 ×3、次卧卫浴
建材 超耐磨木地板、木皮贴皮、造型地壁砖、木百叶

　　房主夫妻购入 80 坪住宅，作为两人与母亲、孩子的未来居所。早在两年前，女主人便注意到尚展设计的作品，让一直向往美式乡村风情调、并钟情美国经典家饰品牌 ETHAN ALLEN 的女主人相当喜欢，于是从期房阶段，便将住宅交由设计师进行客变规划，摆脱建商原有的格局[注2]。

　　房屋的现状是客厅区域虽宽敞但无层次感，厨房墙面亦过长，造成视野容易被遮蔽，在格局调整后，除了缩短餐厨、玄关之间隔墙，让视野尺度展开之外，也特别规划了另一处家庭阅读书房，并赋予绝佳的视野与采光，将接待访客的客厅区域与专属家庭活动的起居领域予以细分；同时，亦调整客用卫浴的墙面及入口方向，使之与私人卧室之间产生清晰区隔。借由灵活的格局规划，打造公私分明的空间层次感。

　　在风格上，设计师从房主谈吐里解读出一种讲究的优雅，领悟到女主人喜爱美式乡村风格；而除了加入美式乡村风格，还加入汉普顿元素来提升悠闲感受，且发挥空间的混搭特质。例如，在餐厅采取乡村感的木材质营造温馨感，客厅则塑造大气的图书馆式天花板，在异质元素的交错之中，延伸独特的生活品味。

　　设计师亦发挥精准目光，再加上丰富的历史知识与背景考查，为空间做出了完美的家具选择，借由沙发衬出欧式贵族气息，但摒弃过度的奢华，反倒注入朴实惬意，通过墙面装饰画点出视觉焦点，在荷花图绘之中给予田野般的诗意联想，使空间硬件、软件配备恰如其分地完美相融，流露真的实情感温度。

注①：台湾房居的坪数约为 1 坪 =3.3 平方米（编者注）。
注②：台湾的期房比现房贵，因为住房可以和建筑师、设计师协调空间格局、水电配置，获得更个性化的住宅（编者注）。

1、2滨海度假的闲适情调。

摆放玄关桌形成入门端景，让人入门即可感受到空间气质，并植入经典白色拱门元素与东南亚风格植物，铺设带有东方青花瓷意象的地砖，营造美式乡村的度假情怀。

3 品牌家具注入温暖与舒适。

选用美国经典 ETHAN ALLEN 家饰品牌，阐述美式乡村
风格，并结合整体硬件装修与精美刺绣饰品、艺术绘画等，
传递出温暖舒适、随兴自处的生活态度。

4 流露自然情感的餐厨区域。

规划开放式厨房诠释开放及自由，并融入女主人指定的
湖水色调，强调大自然色彩，搭配有着乡村气息的复古
红砖，使每处都透着阳光、青草、露珠的自然味道。

5 百叶、植物传递温柔生机。

整排百叶窗使采光变得更显柔和，窗边摆饰的绿植使生
活增加无限生机，天花板则塑造成能彰显大气的图书馆
式天花板，让视野尺度大大展开。

6 书房位移 串联视野与采光。

电视墙规划为壁立造型，演绎经典风情；挪移书房位置，使之位于入门客厅的前方，让书房可享有较好的视野与采光，并与客厅区域保留视线串联。

7 宽敞书房凝聚家族相处时光。

书房内部宽敞开阔，规划整排木质书柜，满足大量书籍书藏，并配置阅读桌椅，不仅能供全家人在此读书聚会，也可成为一处独具特色的休憩室。

8 挥洒色彩表达居者个性。

卧室迎合居住者喜好，通过空间色彩与设计风格传递个性。主卧采用淡雅白色和梅子般的红紫色做穿插变化，展现青春梦幻的氛围。

9 沐浴日光、花香的空间想象。

以简洁白底为背景，搭配木地板、乡村风家具提升视觉暖度，再让碎花壁纸于床头绽放，且迎入美好日光，让人即使身处室内也有如徜徉在大自然之中。

碎花与灰蓝的
乡村絮语

文｜李亚陵　空间设计暨图片提供｜陶玺空间设计

1 材质差异界定空间属性。

玄关铺设复古瓷砖，界定落尘区与室内的范围，并以
玻璃搭配帘幕建构屏风，既阻挡了入门直见餐厅的视
线，也保留了光线的隐约穿透。

房主 尤先生 男女主人皆为老师，为了拥有更舒适的生活区域，一家四口搬至新房，希望设计师可根据一家人需求，来定位空间风格与功能。

HOME DATA

面积 35坪
屋型 单层
家庭成员 夫妻、孩子×2
格局 玄关、客厅、书房、餐厅、厨房、主卧、主卧卫浴、次卧×2、客用卫浴、阳台
建材 复古砖、进口超耐磨木地板、线板、喷漆、进口壁纸、大理石

买下期房，从事教职的房主夫妻计划着一家四口新生活的开始，从客变时期即委托陶玺空间设计全权规划，依照一家人生活需求，调整玄关区域、厨房动线及增设储藏空间，从而在此35坪新居之中，打造更舒适的生活区域。而在既有格局中，由于缺少玄关区域，造成入门直见餐厅的窘境，所以首先区划玄关范围，在餐厅、大门之间设置一道隔屏，除了可以化解风水疑虑，更突显出了空间的层次与渐进感，从而让视线可稍作转折，引领出客厅区域的敞朗开阔印象。

设计师首先依据使用者习惯调整公共范围，在客厅靠窗处规划了带有收纳功能的卧榻，以扩充座席需求，并特别让出一部分客厅区域来设立书房空间，以保留一处可在家工作或阅读的书香园地，并借着玻璃与拉门为界，串联区域之间的互动与光线。同时，让钢琴以开放形式安置于书房旁，让音乐可飘扬在家中每个角落；一旁的餐厅、厨房亦完美安排功能并体现设计感，通透开放的规划让使用者无论位居何处，皆可随时与家人产生密切互动。

在风格设计上，则应房主夫妻对乡村风元素的喜好，加入带有浪漫情怀、但不过于繁复的美式乡村风素材，即便是收纳量体或嵌墙层板，也丝毫不显厚重封闭，反而巧妙地创造出轻盈的功能表现；采用纯粹白色系作为空间主调背景，再恰如其分地揉入圆弧的拱门、碎花图案、复古花砖等细节，使之在简雅之中添入一点巧思趣味，并搭配各区域的不同色彩主题及材质，细细阐述充满春天感的温和情境。

2 开放无碍的生活视野。

采用开放格局，构成开阔视野，让客厅、餐厨之间保留密切互动，即便是客厅后方的书房，也借由透明玻璃保留通透视感，从而创造与客厅区的良好串联。

3 拱门、百叶元素突显风格。

居宅加入拱门元素,增添空间线条变化性。窗边规划整排卧榻,扩充座席需求,并以百叶窗引进和煦阳光,与碎花图案织构成一股温和春日感。

4 鲜明色调注入美好温度。

揉入多元色彩,区划区域功能,从玄关的熏衣草色、客厅的碎花与灰蓝、餐厨的绿意等,让区域各自具备鲜明特色,又彼此串接成美好的生活场景。

5 利落质朴的墙面。

电视墙舍弃常见的石材,改以彩色直纹壁纸作为墙面背景,大理石材则用在下方的矮柜台面,形成整体延伸的线条,塑造立面的清爽特点。

6 绿意与木质的清新视野。

餐厅、厨房之间保留开放性，地面则铺设
六角形地砖，创造人文调性。墙面加入清
新的绿意，搭配扎实的实木餐桌椅，营造
温馨用餐情境。

7 优雅音乐飘扬于室。

书房外规划钢琴放置区，于上方配置展示
平台，平台下方暗嵌灯光，提供练琴时的
照明需求，并透过门片做出与书房之间的
区隔，以保留生活弹性。

8 薰衣草庄园的浪漫想象。

主卧床头挥洒浪漫雅致的灰蓝色彩，与床单相互呼应，并导引明亮采光，带来异国薰衣草庄园的诗情画意，为空间注入轻松舒适的休闲氛围。

9 浪漫纯真的童趣氛围。

儿童房入门处规划柜体增加收纳空间，并以拱形元素呼应客厅区域设计，再融入天空蓝色调，以细腻雕花线板强调细节，彰显浪漫气息。

地道乡村风，让在家就像在度假

文一刘芳婷 空间设计暨图片提供一摩登雅舍室内设计

房主 Alen&Amy 喜欢旅行的 Alen 及热爱文学、擅长料理的 Amy，希望给女儿们独立房间，并将旧家改造成梦寐以求的乡村风住宅，让在家的感觉就像旅行、度假一般。

HOME DATA

面积 27 坪
屋型 单层
家庭成员 夫妻、孩子 ×2
格局 玄关、客厅、餐厅、厨房、主卧、主卧卫浴、儿童房 ×2、客用卫浴
建材 进口复古砖、超耐磨木地板、文化石、壁纸、乳胶漆、设计师手绘图、线板

1 让空间大不同的格局翻转。

原本的餐厅变成客厅，把采光最好的位置留给凝聚家人情感的餐厨区，让生活变得更温馨。

热爱旅行的 Alen 与喜欢阅读、擅长料理的 Amy，心中一直有个乡村风住宅梦。当两个女儿逐渐长大，极需拥有独立空间时，他们决定找擅长乡村风的摩登雅舍室内设计，将住了十七年的老房子，彻底改造成心中理想样貌。

女主人 Amy 最大的愿望就是在料理时仍能与家人互动。热爱文学的她，还希望家中能有大型书柜，以容纳众多藏书。男主人 Alen 则希望住宅设计能充利用乡村风元素，例如将文化石壁炉电视墙、木梁天花板等元素纳入其中。

听取夫妻俩需求后，设计师将格局做了一百八十度翻转。原本的餐厅变客厅，以文化石电视墙区隔客、餐厅，再以相同材质打造沙发背墙，同时规划大容量开放式层架与收纳柜，满足热爱阅读的 Amy 的期望。入门处以蓝色复古砖铺设地板，搭配蓝色壁纸及线板装饰的隔间墙，以区划玄关、客厅。这样不仅让内外有所间隔，而且一入门就能感受乡村风的设计基调。

1

呼应 Amy 对餐厨区设计的期待，将封闭的厨房隔间开挖一道长形开口，并量身定制吧台高度的餐桌，让她在料理过程中，随时可与家人互动。餐厅上方的木梁天花板设计突显乡村风，阳台区的植物造景创造绿意盎然的景观，带来度假的感觉。

另外，将书房改成女儿房，让两个女儿拥有各自独立房间。设计师在主卧房内则以乡村风玻璃隔屏，规划 Alen 专属书房，让原有生活功能丝毫不减。

为拥有充足收纳空间，不仅每个空间都留有专属收纳柜，还刻意将小女儿房门向前挪，在走道底端增设储藏室，再搭配精心手绘的蓝色花鸟图腾，创造优雅空间端景，象征一家和乐融融的生活意象。通过缜密规划，让空间格局、动线、风格营造及生活功能都能兼顾，也一圆夫妻俩的乡村风梦。

2、3 让空间定调的玄关。

玄关入门处以蓝色复古花砖铺设地板，搭配蓝色花卉图腾的壁纸、线板隔间，做出空间区隔，让人一入门就能感受到乡村风的设计基调。

4 把阅读与旅行融入家的设计。

客厅的文化石墙搭配大容量书柜，并在醒目位置挂上世界地图装饰，让家人记录每一趟旅行，满足喜欢旅游与热爱阅读的 Alen、Amy 的期望。

5 景观优美的交互式餐厨。

将封闭的厨房开挖一道长形开口，搭配量身定制的高脚餐桌，形成交互式餐厨；再用阳台植物创造绿意盎然景观，营造度假般的用餐氛围。

6

7

6 让功能满满的主卧书房。

即使把书房让给女儿当卧房，也不忘为 Alen 规划一个专属的小书房，让生活功能丝毫不减。

7 风格到位的乡村家具。

个性独立的大女儿房，以粉紫色系搭配地道乡村风家具，使得麻雀虽小，五脏俱全。

8、9 手工彩绘打造艺术收纳空间。

将小女儿房间向前挪移，在走道底端增设储物间，搭配设计师精心彩绘的蓝色花鸟图腾，创造优雅空间端景，让收纳功能与艺术感兼顾。

10 无处不在的乡村风语汇。

把两间狭小卫浴合而为一，并将盥洗台挪出，满足复合使用功能，佐以复古砖、格门、线板等元素突显乡村风。

原味美式乡村风，
让生活更有味

文—刘芳婷 空间设计暨图片提供—摩登雅舍室内设计

1 突显美式风格的设计风格。

采用多层次线板，化解结构梁的压迫感，佐以经典壁炉电视墙设计界定玄关区，
突显美式乡村风风格，同时改变了空间尺度。

房主 欧文 Owen 虔诚的教徒 Owen 与妻子有不同信仰，但他们对营造温馨家园的想法却很一致，即让美式乡村风的新居成为新生活的起点。

HOME DATA

面积　50 坪
屋型　单层
家庭成员　夫妻、孩子 ×2
格局　玄关、客厅、餐厅、厨房、主卧、主卧卫浴、儿子房、女儿房、客用卫浴
建材　进口复古砖、文化石、玻璃、超耐磨木地板、线板、乳胶漆、木百叶

　　自小居住的老房子对 Owen 来说，即使老旧的装潢早已过时，格局与动线也不符合现在的生活需求，但是却有着难以割舍的深厚情感。为了让家人拥有更好的生活质量，他决定委托擅长乡村风设计与旧房改造的摩登雅舍室内设计担负改造大计，让旧房彻底变身。

　　擅长格局改造的设计师，利用多层次线板及壁炉电视墙等地道美式乡村风元素，化解屋中横亘的大梁带来的压迫感，不仅界定出玄关的空间，同时也让公共区的空间感放大。另一个重大格局变动，则是将大而不当的餐厅纳入厨房中，增设依家人身高量身定制的吧台桌，兼具备餐、品酒、用餐等多元功能，并在厨具收纳中增设酒柜，让餐厨区成为凝聚家人情感的重心。

　　为了适应 Owen 与妻子各自不同的宗教信仰，在玄关入门处的鞋柜上方增设可收纳的壁龛，满足宗教信仰需求；另外，客厅文化石沙发背墙的十字架造型，则呼应 Owen 的宗教信仰，让宗教元素巧妙隐藏于设计中，毫无违和感。

　　在私领域设计上，除了运用浪漫的紫色、浅蓝、粉红等乡村风常用的色彩，让每个空间都能突显使用者特质之外，家具、家饰的选择，也都采用原汁原味的美式乡村风，并利用线板与对称式设计，规划容量充足的收纳空间，甚至连卫浴空间也不放过，从而让美观与实用兼具。

　　从动线、格局安排、色彩规划、风格营造，乃至于实用的收纳与功能规划皆面面俱到，让这间原本失去过往风华的旧房，彻底变身为原味美式乡村风住宅，也提升了 Owen 一家人的生活质量，为人生下半场揭开新篇章。

2

2 功能丰富的乡村风餐厨设计。

将餐厅纳入厨房，以乡村风木梁天花板凸显
风格，并增设吧台桌与酒柜，满足收纳、备餐、
用餐、品酒等功能。

3、4 让宗教信仰与风格融合。

玄关入门处的鞋柜上方，隐藏了壁龛；客厅文化石沙发背墙上，利用十字架装饰，与男主人宗教信仰相呼应。

5 美式乡村风家具突显风格。

主卧选择浪漫的紫色调，搭配地道美式乡村风四柱床，更能突显风格特色。

6、7画龙点睛的家饰布置。

乡村风最重要的就是家饰布置，女儿房和儿子房依个人喜好选择不同的粉彩色系，再搭配丰富的家饰布置，让乡村风更到位。

8 量身定制的吧台。

Owen 一家人的身高较高，因此在餐厨区增设了量身定制的较高吧台桌，让这里成为凝聚家人情感的重要领域。

9 功能与美观兼顾的卫浴。

实用与美观兼具的设计无处不在，连卫浴空间都采用具有美式乡村风特色的浴柜和造型镜，借此与空间风格呼应。

老厝新生
品味西班牙乡村梦

文／李亚陵 空间设计暨图片提供／一格设计

房主 林先生 房主偏好南欧乡村调的居家风格，欲改造50年的祖厝况，赋予老屋新生命，期望空间可散发风格美感，并贴近下一代的生活方式。

HOME DATA

面积 60坪
屋型 透天别墅[注1]
格局 客厅、餐厅、厨房、花园、主卧、儿童房×2、卫浴
建材 意大利砖、实木、西班牙地砖、马赛克玻璃、进口天然岩片、西班牙花砖、进口壁纸

历经三代传承的50年祖厝，承袭一家人的情感记忆，但因屋况老旧、透光性不佳，存在楼板矮小与格局问题，不符合现代人的使用习惯，于是想要在设计师的改造之下，融入开放式格局规划。首先拉高楼板，援引自然采光，赋予明亮的生活气场，再加入西班牙式的色彩搭配、复古情调的材质铺叙，同时拆解隔间、重塑梯间，不仅将老房彻底改头换面，披上欧风乡村情调的美丽衣裳，更延续了祖厝的美好回忆。

客厅采用源自西班牙建筑的设计手法，创造开阔挑高的视野；天花板建材使用木材并作刷白处理，于周边暗藏间接光源，将陶瓷大吊灯作为天花板的主要焦点，而意大利地砖的大面积铺设，则呼应墙面的暖感色调，使整体空间散发独特而复古的异国风情；石砌主墙、实木层架的配置，不仅满足了实用性功能，也收入了房主的收藏物品，将珍贵的情感记忆娓娓道来。

在餐厨空间里，加入了欧式乡村风中常见的斜屋顶设计，运用木条铺排格栅横梁，营造领域延伸效果，并以手染手法设计木餐柜，带出自由、年轻个性的灰蓝，搭衬蓝色瓷砖的大量拼贴，古典水晶吊灯成为画龙点睛之笔，瞬间平衡木质的素朴基调，创造鲜明生动的异国情怀。

在格局重塑后，设计师巧妙将一间房主小时候的房间改建为卫浴，运用原有窗户引入自然光线，一旁则加入可泡汤的疗愈浴池，铺设马赛克玻璃与意大利进口砖，让空间洋溢浪漫情怀，伴随房主儿时专属的空间记忆，展开饶富趣味的沐浴乐趣。

注①：透天别墅一般为有前后院、每户三层、独立车位，透天顶窗设计的别墅类型。

1 天然建材营造田园风光。

融入西班牙建筑风情设计，采用大圆石砌筑客厅电视墙，注入乡村小镇的田园风情，使住宅有如一栋梦幻欧式古堡。

2、3 复古优雅的阶梯质感。

木作刷白天花板、意大利地砖，呼应出舒适的悠闲风韵，并拆除原有建筑的楼梯隔间，以镂空锻铁、实木楼梯重新打造，使空间洋溢独特的味道与质感。

4 材质演绎空间的缤纷色彩。

斜天花板饰以木制横梁营造欧式乡村意趣，并以手染手法打造灰蓝餐柜，搭衬进口西班牙釉面砖与马赛克玻璃，创造鲜明生动的空间视觉感。

5 功能、美感兼具的风格卧室。

规划空间，打造出更衣室，便于收纳衣物，并于细节处融入细腻巧思，在粉红色的背景之下，搭配依据风格而定制的各种家具，烘托甜美特质。

6 复古色彩渲染异国风情。

将卧榻结合柜子功能，并刷上带有复古感的颜色，再搭配定制抱枕，塑造鲜明的西班牙格调之美，并巧妙地开一扇室内窗，让卧室与餐厨两个空间产生趣味对话。

7 多姿多彩的童趣视野。

空间挥洒浅绿色调，与豆沙色的书桌构成鲜明反差，并采用木质壁板打造床头，搭配带着童趣感的软装陈设，给人带来一种来到童话小木屋的感觉。

8 温暖色调注入愉悦氛围。

援引西班牙因日照时间较短、故常用明亮色调的室内配色手法，于卧室铺陈明黄作为主调色，创造愉悦氛围，并点缀紫色的窗框或桌面，呈现对比色趣味。

9 风格独特的乡村风格浴室。

将房主小时候的房间改造为卫浴，以抢眼的艺术马赛克砖砌筑浴池、水洗石铺设墙面，并增设窗台导引自然光线，营造南欧乡村浴室的温馨氛围。

打造惬意欧式乡村
生活场景

文一王玉瑶 空间设计一森林散步设计 摄影一刘士诚

1 地道欧式乡村风入门印象。

以乡村风经典元素——复古砖、壁板、推窗，以及具有乡村风风格的大型鞋柜，构筑出地道的欧式乡村风玄关，而地板的镶木复古地砖则明确界定出落尘区，同时也是玄关最引人注意的视觉焦点。

房主 阮小姐 热爱乡村风的阮小姐，平时就喜欢阅读乡村风格主题的书籍、杂志，希望能将乡村风特有的生活感植入家居空间，让家不只是单纯的作品设计，而且是成为具有温度的生活空间。

HOME DATA

面积 98 坪
屋型 透天别墅
家庭成员 夫妻、孩子 ×3
格局 玄关、客厅、餐厅、厨房、主卧、主卧卫浴、儿童房、长辈房、客用卫浴
建材 复古砖、木纹砖、超耐磨地板、实木、花布

　　房主阮小姐一直以来的愿望，就是希望能将自己的家打造成最喜欢的乡村风，于是在决定买下人生第一套房时，便从平时大量阅读的乡村风杂志、书籍里，找到森林散步设计一起来完成她的梦想。由于设计师在期房阶段便参与进来，因此已经首先利用客变把不需要的东西通通取消了。虽然经过客变后的房子几乎是毛胚房状态，但相对地也像一张白色画布，可以让他们放手大胆设计。

　　讨论过程中，设计师发现热爱乡村风的阮小姐似乎更偏爱纯朴、粗犷的欧式乡村风，因此从玄关开始一直到厨房，便将大量进口复古砖运用于地面与壁面，借此突显复古砖的温润特质，并将自然朴实感带入空间，同时也能表现欧式家居追求质感却又不崇尚过分精致的生活态度。以欧式乡村风定调后，天花板与壁面则另以壁板、线板以及壁纸等不同材质表现，以此丰富空间元素，也能软化欧式乡村风给人的粗犷感，带来更为细致的空间印象。

　　二楼只简单划分成更衣室及卧房两个空间，以阮小姐喜欢的蓝色贯穿形成空间主调，搭配大量白色线板、墙腰、百叶窗以增添视觉变化，打造出经典又不失利落清爽感的主卧；两个小女生共享的三楼儿童房，则选用粉红色作为主色调，以同色系布料与壁纸做搭配，从而强调女孩房特有的梦幻特质。

　　室内采光充足，不过台湾中南部的烈日却让四楼温度高于其他楼层，因此四楼的游戏房与书房采用不同的蓝色色调来营造清凉气息，降低视觉上的燥热感；在原本规划成晒衣的空间里，建筑商设计了天窗，设计师将其保留，但重新规划打造成洗衣房，并延续一楼风格，以复古砖、仿旧木纹砖等，营造房主向往的惬意生活感。

2 经典花纹点缀丰富层次。

家具家饰的搭配，是乡村风不可少的重要组成部分，选择大地色系、单色系且为棉麻材质的沙发，并以碎花、条纹等不同花纹的抱枕制造活泼效果。

3 开放式设计打造温馨场景。

以开放式设计串联厨房与餐厅两个空间，打造家人聚集用餐的温馨场景，而餐厅与厨房相比更为着重浅黄色与白色的搭配比例，借此来营造能够增进食欲，带来明亮、愉悦感受的用餐空间。

4 延伸天花板微调空间比例。

白色天花板延伸至壁面，借此将空间线条拉齐，避免空调造成的突兀感，也可适当调整床头背墙比例，最后再以约6cm的线板与壁纸装饰天花与墙面，让原本过于宽敞的主卧变得经典又优雅。

5 灰蓝厨柜成为视觉焦点。

厨房壁面与地面将复方砖调整为菱形拼贴，借此强调空间的朴实感，搭配与黄色墙色协调的米色、砖色等浅色系复古砖，让略显阴暗的小巧厨房变的明亮，也突显出量身定制的灰蓝厨具。

6 层次堆叠出优雅主墙。

利用层次堆叠的设计弱化梁柱存在感，表面以漆色和线板营造变化，打造美感与分量感兼具的电视墙，另以画框框住电视，遮掩从侧面看到的电线，让电器融入空间。

7 满满幸福感的粉色调。

粉红色为主色调的女孩房，除了强调女性梦幻特质外，考虑到未来使用性，在床尾位置以柜体、腰板、吊柜等形式打造收纳空间，以满足不同收纳需求，也形成极具乡村生活感的墙面设计。

8 享受生活里的轻松惬意。

位于顶楼的书房，以经典的斜屋顶设计，构筑出有如置身度假小屋的轮廓，再加入卧榻设计、湖水绿漆色以及原木等元素，营造出一个适合全家人享受悠哉生活的空间。

9 实践随性的乡村生活。

将一楼风格延续至洗衣房，并在墙面打造层架、吊柜，沿墙更设置方便房主工作的台面，另外在壁面拼贴复古砖，地面则采用仿旧木纹砖，以此呼应空间里质朴的随性生活感。

美式乡村风的
蓝白休闲味

文｜Vera・空间设计暨图片提供｜EasyDeco 艺河设计

房主 Mark 和太太同在国外求学，并在国外工作数年后才回国定居，由于习惯国外的居家生活空间，他们对于乡村风带来的休闲而温暖的氛围情有独钟。

HOME DATA

面积 60 坪
屋型 透天别墅
家庭成员 夫妻、孩子 ×2、父母
格局 一楼玄关、客厅、餐厅、厨房；二楼琴室、儿童房、长辈房、客用卫浴；三楼主卧、主卧卫浴、起居室；四楼阁楼
建材 壁纸、复古砖、玻璃、超耐磨地板、定制线板

　　大学毕业后即出国念书，拿到学位后又继续留在国外工作数年才回国定居，由于早已习惯国外独栋住宅的家居空间，在银行工作的 Mark 和太太一直不是很习惯住在市中心的大楼，所以选择买下这幢远离市区的有庭院的市郊别墅。由于原来在国外的家就是美式乡村风格，因此 Mark 希望在台湾也能打造一个美式乡村风格的家。

　　虽说是别墅，但建筑商在规划时反而将大门开在室内，不像国外的住宅都是经过庭园走入室内。设计师在接受 Mark 委托后，首先调整大门的位置，改由庭园进入，并从大门延伸采光罩、南方松及草皮，让单纯的透天别墅变身花园别墅。因为善用别墅垂直空间的特性，设计师将公共与私人空间做出区隔，一楼主要为公共空间，客厅、餐厅及厨房均采用开放式设计，设计师还特别在靠窗角落规划了阅读区，并延伸观景窗打造休闲座，坐在家里就可以看到在庭园玩耍的小孩；二楼以上则为私密的个人空间，规划为儿童房、父母房及琴房，以木材作白色格子双开门区隔父母房及琴房，不仅可引光入室，且白色格子为美式风格的元素，更强化风格个性；三楼则为主卧专用，除了睡眠区外，还有主卧专用起居室及浴室，其中浴室也采用以白色线板作为柜体的乡村风装饰；阁楼为开放式空间，并未多做设定，可作为储藏室也可以成为孩子的游戏间。

　　美式乡村风多以白色为主要的基底，但因为 Mark 和太太都偏好蓝色，设计师便以蓝白为主色，以蓝色涂装搭配白色家具，并加入乡村风常见的壁纸、碎花等元素，再搭配乡村风家具，让空间散发着美式乡村风特有的休闲氛围。

1 乡村与现代的家具混搭。

家具的挑选是成功打造乡村风的关键元素之一，不一定都只能选择乡村风格的家具，也可以选择现代及新古典的家具来搭配，这样反而可以让空间更具独特个性。

2

2 白为底，带出主题风格的蓝。

乡村风的色彩偏向自然色系，由于房主偏好蓝色，设计师便以美式乡村的白色为基调，再用蓝色去体现休闲感，同时设计师也通过格局的重整，为房主打造出可休憩的阅读区。

3 融合古典更显优雅气质。

美式乡村风常会混搭古典的元素，像是天花板及柜体的线板、柱体连接的拱门及木质白色格子双开门或拉门，既保留了乡村风明亮而温暖的氛围，又流露优雅的气质。

4 腰板墙面变化乡村风。

儿童房同样选择蓝色为主色，由于小男孩的房间不宜以乡村风常见的碎花壁纸作为主视觉，设计师便着眼于腰板，从而不仅让墙面更具变化，更重要的是带出了乡村味。

5 运用材质展现乡村自然风。

卧室以纯色壁纸为主来展现美式乡村风自然、休闲又甜美的空间氛围。除了壁纸外，设计师考虑到湿气问题，选择了较耐潮的超耐磨木地板作为各楼层的地板材质。

6

6 木梁天花板更突显乡村个性。

三楼整层都规划为主卧，除了睡眠区外，设计师也为房主设置了主卧专用的起居室，除了沿用蓝为主色，还以木梁天花板来展现出乡村风的个性。

7 格子拉门区隔空间也体现风格。

白色的格子门在美式及美式乡村风中都是重要的元素，设计师将其风格与功能合一，不只将白色格子门作为隔屏，也将其作为拉门来区隔空间。

8 壁纸、窗帘及抱枕让乡村风变轻柔。

乡村风的卧室风格都较为轻柔，主要在于软装材质的选择与运用。碎花壁纸或是窗帘都可让空间在休闲中带着柔美的气质，再缀以抱枕的画龙点睛，让风格更为突出。

9 让浴室变身乡村风的关键。

主卧浴室有着极佳的景观。设计师以五星级饭店浴室规格来设计，同时为了体现乡村风的个性，不只浴柜用线板做装饰，画框式的浴镜设计也大大提升质感。

9

有如外国电影场景般乡村风家居

文一Vera 空间设计暨图片提供一EasyDeco 艾珂设计

房主 Vivian 喜欢旅行、看外国电影及电视剧的 Vivian，对于充满异国情调的乡村风特别偏好，在国外进修定居时也特意挑选乡村风的房子，如今和先生的第一个家当然还是要乡村风。

HOME DATA

面积 45 坪
屋型 单层
家庭成员 夫妻、孩子
格局 玄关、客厅、餐厅、厨房、儿童房、长辈房、客用卫浴、主卧书房、主卧、主卧卫浴
建材 壁纸、复古砖、马赛克砖、玻璃、超耐磨地板、定制线板

1 美式乡村风不可或缺的布艺沙发。

要营造美式乡村风格的客厅，一定少不了布艺沙发，尤其是条纹及花布沙发最具代表性。因此设计师选择大地色系的美式布艺沙发搭配条纹单椅布艺沙发及两人座的花纹沙发，让空间自然呈现美式风情。

就是爱住乡村风的家！从小就喜欢看外国电视剧的 Vivian，对于国外家居的空间及风格有着极大的憧憬，尤其是对带着温暖气息又不失休闲感的乡村风特别地钟情。好不容易买下这间三室两厅的新房子，当然一定要装成乡村风，而且最好能混搭不同乡村风，满足乡村迷对家的期待。并且不只是空间风格要走向乡村风，连动线的规划及格局的配置，都要如国外的家居空间一样。

为满足 Vivian 对于乡村风的期待，一进门的地板即以充满南法风的拼花瓷砖进行拼贴，门后则规划玄关收纳区，加入以线板为装饰的门片，带出美式乡村的优雅。由于原始格局中客厅的景深太长，使得客厅规划并不好，为了既解决空间问题，同时也满足 Vivian 对公私领域分明的期待，设计师以电视墙为中心线，将客厅区隔成回廊及客厅区，如国外常见的住家格局双动线设计一样，

让房主可不经客厅直接进入卧室。而电视墙不只是单纯悬挂电视，设计师还将乡村风常见的壁炉元素置入，使其成为客厅电视及音响等视听电器的收纳空间。客厅的家具则选择以美式乡村风格为主的品牌伊森艾伦 Ethan Allen，以展现乡村风特有的风情。

　　客厅与餐厅以法式乡村风常见的拱门串联，并用开放式的厨房连接餐厅。不同于客厅的美式乡村风，餐厅偏向法式乡村，因此特别选择了复古砖作为地面及墙面的材质，并做拼贴的处理，使在此用餐宛如置身在异国餐厅。主卧则采用双进式设计，以格子玻璃隔间区隔书房与客厅，并由书房进入主卧区，主卧同样以乡村风为主题体现出空间的休闲感。

2 玄关迎宾的南法风拼花瓷砖。

为了满足 Vivian 混搭不同乡村风的期待，同时也让人一进门就能感受到乡村风的氛围，玄关选择了充满南法乡村风的拼花瓷砖地板。

3 充满美式乡村风情的走道。

以电视墙为中心线，将客厅区隔为回廊及客厅区，并以规则的天花板造型分割，以水晶吊灯、双面钟、墙上的文化石、采用"人"字型拼法的地板、格子门及造型柜上的花作为装饰，让走道变成了Gallery，展现出美式乡村风情。

4 法式乡村餐厅的明亮清爽。

用开放式设计的厨房连接餐厅，以拱形造型及吧台作为区隔，同时为了展现出法式乡村风的明亮清爽，设计师以白色圆形乡村风餐桌及餐椅与吊灯搭配，从而营造出悠闲的用餐氛围。

5 复古风情的法式乡村厨房。

以吧台串联厨房与餐厅，吧台同时也是厨房家电的收纳空间；厨具特别挑选乡村风的代表颜色——秋香色作为主色；地板选择南法风的拼花瓷砖，散发复古气息。

6 双进式主卧跳脱式格局 。

不只从风格上展现出异国乡村风的氛围，设计师连格局动线的配置规划都很不同于国内空间，暨回廊之外，主卧也采用双进式设计，并以格子玻璃隔间区隔书房与客厅。

7 线板门片让收纳也乡村。

除了规划主卧更衣室，并结合电视柜设计了落地衣橱外，还以线板展现出门片的乡村风元素。此外，在床两边设计了对称的收纳柜，方便收纳穿过但不必立即要洗的衣物。

8 紫与白体现混搭乡村主卧的浪漫。

由于是主卧，设计师便以法式乡村风混搭美式乡村风作为主调，并选择紫红为空间主色，同时为让空间更显清爽，选择搭配白色柜体，浪漫中又带着清新。

9 重点灯饰突显乡村风情。

以间接光源的设计，搭配壁灯及桌灯，这也常见于乡村风格家居设计，目的是要营造气氛。在预算有限时，相较其他元素，灯光是高性价比的选择。

注入欧式沉稳基调，打造山居乡村宅

房主 Patrick 从小生活在可随意接触自然环境的房主 Patrick，一直有着拥有一座山中宅邸的梦想，经过多年的寻找，终于和太太 Annie 一起圆了这个梦想。

HOME DATA

面积 50 坪
屋型 别墅
家庭成员 夫妻、孩子 ×1
格局 玄关、客厅、餐厅、厨房、主卧、主卧卫浴、次卧、书房
建材 进口复古砖、文化石、橡木钢刷海岛型木地板、染色柚木皮

　　对于从小生活在自然环境中的房主 Patrick 来说，拥有一间坐拥自然美景的山区宅邸，可说是最大梦想，历时 3 余年的寻找，终于在市郊山区觅得他心目中符合"家"憧憬的完美基地。与结婚多年的太太 Annie 落脚此处后，小宝宝也跟着来报到，让两人的家臻于完美。

　　Patrick 夫妻对梦想的乡村家居风格早已了然于胸，碰上细腻的彩田舍季设计更是一拍即合。全屋用上的复古砖近 40 种，设计师费了许多功夫找了五间瓷砖店，才完成这项繁复的任务。从进入玄关开始，设计师混搭各类复古砖的用心便可见端倪。各类形状、色泽、尺寸不一的瓷砖，被巧妙地运用在同一空间中，不仅考验着设计师对材质的熟稔度，更是美学涵养的展现。这有如艺术品般的配置，让房主直呼"太酷了"！

　　来到二楼空间，作为屋内主轴之一的书房，同时兼作房主夫妻的工作间。复古沉稳的空间与斜屋顶，体现出十足的乡村风情调。因顾及工作需求，办公配备一应俱全，而屋外 40 余坪自家庭院里栽种的果树，加上远方秀丽的山景，却常让 Patrick 与 Annie 两人只顾赏景而无心工作。为了不辜负屋外美景，设计师建议对调主卧更衣室与浴室两处空间，量身打造出专属一家人的观景浴室，透过不同尺寸与色泽的板岩砖及桧木拼出天地壁样貌，再整合日式温泉房的功能并融入乡村风情调，使泡汤与赏景兼得，乐活山居无限美好。

1 利用细节变化，丰富风格元素。

砖红色地板的乡村风情浓厚，然而若全室采用相同色系，不免显得无趣单调，因此外玄关地面以砖红色瓷砖切角，再嵌入马赛克图样来增加丰富性。

2 开放式规划活络互动气氛。

一楼公共空间舍弃不必要的隔间让空间通透开阔，只以家具界定各区域功能，让房主夫妻拥有一个广阔的空间尽情招待朋友。

3 温暖炉火凝聚空间重心。

台湾北部山区房子难免湿冷，温暖燃烧的柴火象征家庭重心的凝聚力，更是这间宅邸的设计核心；电视墙左侧特意开立窗户，可眺望远山及窗外漫天绿意。

4 混搭家具打造专属家居风格。

餐厅的家具皆是房主夫妇从各地收集而来，设计师巧妙进行整合，让各自独立的家具形成一致的风格，并和谐地融入空间。

5 阴暗走廊变身精彩展示区。

电箱移往别处，腾出原本廊道位置的空间，并将地面以细腻复古砖拼贴创造亮点，墙面则设置 15cm 深的层架，让房主可以有足够空间展示珍藏许久的 CD。

6 采用柔和色调，营造下厨时的愉悦心情。

设计师为喜爱做菜的女主人打造了 baby blue 活泼色调的厨具，下厨时还可看见窗外自家庭园栽种的香草及果树，它们是女主人料理时的最佳帮手。

7 在绿意书香中享受阅读乐趣。

二楼的书房兼工作间，以大开窗尽收山区美景，并采用乡村意象的斜屋顶，加上从壁面至天花板的装饰木条，构筑出童话般的木屋风情。

8 不同尺寸与色泽，展现板岩丰富层次。

客用浴室拦腰贴上马赛克板岩砖，其上与下则使用不同尺寸的板岩展现层次。丰富的深浅颜色，是设计师窝在厂商仓库逐一挑选搭配的成果。

9 融入纯朴乡村风情的浴室。

为了让全家人可共同享受泡澡的温暖美好，设计师采用桧木及板岩砖，打造出多角浴缸，使其成为浴室核心，斜开的屋顶还可以在入浴时享受灿烂星光。

创造浪漫优雅且
有温度的乡村风家居

文字整理一王玉瑶 空间设计暨图片提供一郭璇如室内设计工作室

房主 予人温馨、幸福感受的乡村风，一向是恋家房主的最爱。虽然是位于市中心的公寓，仍希望住进有温度的家。

HOME DATA

面积 35 坪
屋型 单层
家庭成员 夫妻、孩子 ×2
格局 玄关、客厅、厨房、主卧、次卧
建材 比利时 Quick Step 耐磨木地板、西班牙复古砖、
文化石、铁件、木百叶

　　打造如秘密花园般温暖舒适的家，同时还要能呈现豪宅的独特、大气、价值与细致。因此，混搭成为本案的核心，将乡村、法式复古、颓废等众多风格结合，软化了颓废的沧桑冷调，中和了乡村的小家碧玉，从而成就中性大气却有着无限温暖与乐趣的家居。客厅、餐厅、灯饰等都运用了混搭的手法，大面积的沙发、餐桌，搭配了色彩多样的抱枕、餐桌垫、盆栽，让大型家具成为心灵与生活核心的同时，映入眼帘的又有温暖俏皮、乐趣无穷的视觉感受。

　　除了家具家饰的混搭，房主一家主要活动的公共区域选择了开放式的规划。天花板和地板分别选用不同材质，从而让视觉有所变化之余，也暗喻空间的划分。通过无隔间设计，将客、餐厅做串联，营造通透、开阔感受的同时，无形中也拓展空间尺度，创造出更为大气的空间感。

　　将混搭手法延伸至墙面，利用不同元素，巧妙让同一空间里的每个墙面都有特色。客厅主墙大胆以文化石做铺陈，并构筑暗红复古砖与深色木纹相衬的欧式壁炉，形成视觉焦点的同时也为空间风格定调。无法变更的承重墙用花卉壁纸注入乡村田园气息，墙面上特别设计的假窗与镜子，让本来无穿透力的承重墙成了用窗看世界的映照点。临窗面以修长的木百叶展现其立面优雅姿态，而位于餐厅的复古仿旧柜墙，更巧妙地成了美丽端景。

　　若是单看每一个空间或墙面，它们都具有各自不同的色彩，表达了或温暖，或仿古，或静思，或映照成趣的主题，但随着人在空间中的移动，这些看似独立的主题却又能 360°地流畅串联，让空间与空间、墙面与墙面、家具与家饰间突出的音符都合成为一首温暖舒适且典雅大气的豪宅之歌。

1 构筑复古优雅的生活场景。

以线板装饰的餐柜采用淡黄色调，同时辅以柔美线条的古典餐椅和木铁混搭的餐桌，再加上仿旧处理手法，复古情怀油然而生。

2 壁炉和文化石交织成欧式风格家居。

客厅主墙以文化石铺设，并于中央构筑电壁炉，复古红砖堆砌的拱形炉口搭配深木色壁炉，两者相得益彰，上方再加上假烟囱的造型，展现出极具特色的欧风家居。

3 透过木百叶展现光线变化。

木百叶因木头材质而深具质感，同时透过叶片的调整更能呈现光的生命力，在叶片全开、半开、闭合之中，阳光就会出现不同的变化。

4 纯朴自然材质塑造闲适氛围。

选择色彩朴实的棉麻大沙发，大面积展现慵懒质感，再配合颜色、花样、大小不同的各色抱枕，让心情随着抱枕颜色的点缀而活泼跳跃。

5、6 门扇造型融入欧式古典风格。

根据不同空间，拱门不仅形式各异，色彩亦不相同，通往厨房的拱门是仿古白，儿童房的拱门是苹果红，借由多种颜色带动心情变化。

7 创造优雅迷人的入门印象。

梯厅墙面贴花色壁纸，地面铺设木地板搭配图腾地垫，以百叶作为鞋柜门，再放上舒适的座椅，让房主在打开电梯门的刹那，就有回家的感觉。

5

6

7

8 利用线条与材质让白变得有层次。

主卧以白色系强调纯净感受，同时搭配藤面小床头柜、利落线条与内透绿叶色彩门片、立体压纹床罩组，在平静舒适中不失动感变化。

9 巧思拼贴瓷砖成空间焦点。

精心设计的马赛克拼花墙是浴室的焦点。中下段墙面改用木纹线板腰带及木纹砖，既能展现原木质感又能耐湿防水。

成熟复古的
美式乡村风家居

文字整理－via · 空间设计－唐谷空间设计事务所 · 摄影－Yvonne

1 绿意下的非成套桌椅组合。

女主人是因喜欢同学家的绿色厨房而找到唐谷设计。不过，因为空间条件、家具花色等因素，这抹绿意盎然的墙设定在客厅，与复古砖地板相映成趣。茶几则是男主人外婆所留下的百宝箱。

房主 方先生 年轻夫妻从国内外网罗挑选的家饰家具，经过设计师专业的美学安排后，实现梦想中的精彩 Life Style。

HOME DATA

面积 65 坪
屋型 透天别墅
家庭成员 夫妻、小孩 ×1
格局 玄关、客厅、餐厅、厨房、主卧、主浴、次房 ×3、卫浴
建材 复古砖、板岩砖、木纹砖、杉木、日本桧木、美桧、喷漆白橡木

　　年轻的房主夫妻在定下婚期后，男方父母便将这栋购入多年的山中别墅赠予新人。夫妻两人接触过几家设计公司，也曾在多种风格之间摇摆，偶然看到唐谷设计帮老同学打造的绿色厨房，这才觅得布置新房的合拍设计师。

　　因新婚房屋位于潮湿山区，所以防水隔热等基础工程和细节需做得仔细扎实。由于房主希望空间格局能够简单而有开放感，因此一楼的玄关、客厅、厨房、餐厅均采取开放式设计，同时为能明确划分区域并使动线流畅，设计师以四根杉木柱界定客厅与餐厨，同时引导动线，维持空间的开放感受。

　　厨房要有中岛是房主的梦想，设计师索性将所有功能藏在中岛之中，底座藏有厨房家电、储存空间；面板则与流理台、吊柜一样，皆采用白色木质乡村风线板，使整体感更突出。由于山区潮湿，主卧的木地板则以木纹砖取代木质地板，既保留视觉暖意又不用担心木地板受潮变形而难以维护。

　　房主夫妻善于利用网络在国内外寻找优质的家具家饰，甚至连卫浴配件和开关面板等五金也能自行选购。许多在台湾找不到的好货，他们就直接向国外原厂下单，还利用团购力量集货运回。而设计师就像优秀的美学指导者一样，协助房主在纷歧繁杂的选项里，找到最合适的搭配组合。空间完工两年多，房主夫妻历经了新婚、生子等人生阶段。屋内各处的相片诉说着男女主人携手共度的人生历程，在这栋三层楼别墅里的每样物品，也都记录着当时的甜蜜回忆。

2 白色格子立面隐藏通往车库的秘密走道。

别墅 B1 层为车库，玄关两侧分别是通往大门的通道与朝下的楼梯。设计师以白色格子门收整入口，并顺势围构一个可存放行李的小型储藏室。地板采用复古砖铺设，勾勒空间的完整性。

3 风化木柱框展现粗犷自然感。

一楼为全开放的空间。绿色客厅与黄色的餐厅、厨房，仅以一道四根木柱屏风来界定。这道木柱框选用来自日本的杉木制成，经风化处理后所产生的立体肌理，让简洁的造型更自然地融入乡村风的基调。

4 实用又美观的开放式中岛厨房。

中岛是房主一开始就指定要纳入的设计元素。这个中岛底座藏有厨房家电、储物柜，料理时的动作规划，也依序环绕着这个中岛来进行。

5 不成套的餐椅组合。

长桌除了搭配原本成套的四张餐椅，还摆入两张较大的白色温莎椅，这是房主在逛国内的欧洲二手家具拍卖会时带回来的战利品。

6、7 优雅稳重与前卫风格混搭的主卧。

大面双开式格子门，轻巧区隔主卧与书房空间。深沉的壁面颜色，搭配购自美国原厂的 CA KING SIZE 加州双人床，漂洋过海来的复古铸铁床架，典雅又极具个性，成为主卧的焦点。

8 复古风格的黑色铸铁卫浴五金。

浴帘轨道架与莲蓬头等五金配件为黑色铸铁材质，复古造型极具风味。连同洗手台的水龙头、毛巾架，以及生铁镜柜等配件，全都是房主寻遍网络所搜罗到的好货。设计师以质感粗犷的立面，呼应这些单品的个性。墙面下半段铺设岩面砖，上方则选用调色水泥，镘抹出充满旷野风情的立体纹理。

冰冷办公室
变身舒心木屋家

文字整理｜via　空间设计｜森林散步　摄影｜方宏齐

房主 希望重新划定家的空间，并加入如壁炉等让家温暖的元素。为满足四口之家使用需求，各自房间可以不大，但共同活动的区域一定要宽敞。

HOME DATA

面积 40坪
屋型 单层
家庭成员 夫妻、孩子×2
格局 玄关、客厅、餐厅、厨房、主卧、儿童房×2、书房、卫浴
建材 鸡心木、美桧、侧柏、超耐磨木地板、线板、复古砖、德国陶砖、进口五金、ICI漆料

燃起温暖的炉火，围坐在斑驳的木地板上，看书、聊天、喝一杯热可可，宛如山上木屋的生活情境。通过设计师与房主的共同创意，结合一点点南欧、一点点美式与Frame House风格，将这样的美好生活落实在城市里。

因为太喜爱周边被绿荫包围的环境，房主买下的这套房子，前身是小型办公室，撤离所有内装之后，只留下毫无生气的空间、阴暗的茶水间与狭小的厕所，一丝"家"的味道都没有。

也幸好因为这片空荡，使空间设计拥有更多自由发挥的可能。重新定义的空间，混合浓厚休闲感的美式与南法家居风格，再加上粗犷自然的Frame House风格，其中植满绿意的阳台，偶有鸟儿来造访，让人丝毫不觉是住在城市里面。玄关采用仿旧木花砖地板加上格窗造型端墙，将户外的想象带进室内，让人在进门瞬间放缓了脚步，释放一日的紧张压力。

客厅电视墙结合地柜与展示架，直横勾勒简约的线条，刻意采用的鸡心木实木制作，随岁月流转越发亮泽，从而提升了整体质感。角落有德国陶砖砌的造型壁炉，其采用的填缝手法营造出粗犷不拘小节的随兴，也很自然地连接了户外阳台满满的绿盆栽。而窗边复古橡木双人温莎椅的美背造型，总是让人想带着一本小说到窗边阅读。

客厅、厨房、餐厅连成开放的L型，为平面核心，斜向大框明显界定领域，却也有让空间彼此渗透的放大感。厨房的单斜企口天花板、儿童房房骨架外露的双斜屋顶等，皆巧妙融入了"木屋"元素。餐厅在复古高腰墙的背景下，衬托出相聚时刻的温馨。如此借由设计紧密联系家人情感，实现了房主所期盼的亲密感。

1 企口斜向天花板突显乡村意象。

由于厨房上方是梁柱与管道分布之处，设计师利用斜向天花板作修饰，并加上约 0.2cm 的企口板，仔细喷漆，打造出洋溢乡村气息的木屋天花板。

2、3 过道以斜向框架界定空间。

客厅、厨房、餐厅相邻而开放，但格局呈现 L 型，同时为让空间界定与动线更顺畅，设计师以线板斜向框出过道，且运用两种地板划分区域。转角处则顺应动线，定制三角形开放柜。

4 用家具配置营造安心的放松环境。

家中孩子年纪还小，考虑到安全问题，房主特别购买讲口 Pottery Barn 的皮革咖啡桌与沙发，桌体包覆软垫可避免碰撞，沙发扶手设计有柔软耳垫，能很放松地坐卧，皮革表面的钉扣处理，更将自然光线漫射的美表露无遗。

5 餐厨成亲子玩料理的基地。

打开狭小厨房，换上女主人梦寐以求的格丽斯厨具，并加入盘架、香料架、吊杯架等配件。额外定做的早餐台，加上一对手绘陶灯聚焦，便成为亲子玩料理的好地方。餐厅壁面加入高腰墙，使餐厅在开放空间里定位分明，顶端加上尺寸较大的线板收纳，可作为陈列布置的平台。

6、7 省略一墙之隔，最大化利用空间。

室内仅有 40 坪空间，且希望拥有独立三间房与书房。设计师运用柜体取代隔间墙，其中书房与儿童房以一体两面的衣柜／书柜界定，从而节省墙面厚度，也让每个角落都充分发挥收纳储物功能。

8 德国陶砖壁炉展现年代感。

壁炉使用德国陶砖，表面经风化处理后，自然的色差与龟裂感强烈展现着风格，局部使用就能营造出复古感。陶砖的贴法类似一般瓷砖，唯需注意留缝要大，至于留缝可填可不填，若要填缝建议填缝剂不要填太满。

9 不同尺寸与拼法让砖墙多样化。

房主希望拥有宽敞的卫浴，故省略主卧半套卫浴或客厕，将空间面积集中设计，打造具备梳妆台、厕所、浴室三个独立空间的卫浴。浴室地壁皆使用一顺瓷砖，壁面由同系列不同尺寸的瓷砖利用贴法变化组成。天花板使用美桧材质。

蓝白优雅色调
混搭风格家具

文字整理｜via 空间设计｜陶玺空间设计

房主　房主是一对留学英国多年的年轻夫妻，期待拥有
国外的居住氛围与质量，同时需兼顾家族长辈的风水
考虑，因此须化解原格局问题，并采用传统吉祥尺寸
做设计。

HOME DATA

面积　60 坪
屋型　单层
家庭成员　夫妻、孩子 ×2
格局　玄关、客厅、餐厅、厨房、主卧、主浴、次房、
　　　　客房、书房、卫浴
建材　抛光石英砖、古雅石、板栗木地板、意大利水染
　　　　木皮（蓝色、绿色、褐色）、栓木染白、胡桃木

　　空间以纯白为基调，搭配些许的灰蓝，呈现出优雅、知性的品味。房主是一对留学英国多年
的年轻夫妻，回国后的新居就委托陶玺设计来规划。装修时，设计师也一并尊重屋主家中长辈的
意见，例如公公特别注重玄关的风水。还有，预算要花在刀刃上，故保留建筑商提供的橱具与白
色石英砖等。这些考虑也成了此案采取简洁装修与蓝白配色的背景因素。

　　原始格局有"开门见厕"的忌讳：大门一开就会直望到公用卫浴的马桶。陶玺设计从期房时
即协助进行客变，打造出让老人家也满意的好风水。原本进入玄关视线会直冲开放式客餐厅，现
在则改为加设玻璃隔屏，让进屋的视线与动线都变得和缓。而且，玻璃隔屏的窗棂还构成了此户
人家的一大特色！入住之后，女主人常在家宴请好友喝下午茶，让人仿若置身欧美咖啡厅的餐桌，
就成了最受欢迎的区域。

　　在风格营造方面，硬件装修基于预算考虑而力求简约，仅通过线板、木百叶等元素，画龙点
睛地勾勒出乡村风的韵味。由于乡村风家具的造价不低，故餐厨空间选用多件 IKEA 的实木单品
减少支出。经过设计师的巧妙搭配，这些北欧风的桌椅柜也都能和谐融入乡村风格的基调。此外，
在纯白与英国蓝交织的柔雅空间中还加入了丰富的家饰收藏，并点缀亲友赠送的家具与吊灯，再
经过巧妙的硬件规划来整合。轻度混搭手法，加上基调拿捏得宜，让这个家拥有独一无二的浓郁
温馨风格。

1 玄关可窥见家居个性美。

男主人家以前从事贸易工作而累积的样品，成了新居的最佳布置。玄关侧墙刻意不做满柜体，台面的展示物让人一进门就能感受到独特品味与巧思。

2、3 灰蓝壁板营造舒适氛围。

整个公共空间以灰蓝色木质壁板展现乡村风的优雅之美。客厅墙角的柱子，连同外窗下方的墙面，亦以此元素遮覆离地 30cm 的冷媒管。

4 蕾丝般的古典风元素营造浪漫氛围。

窗棂是陶玺设计爱用的手法。灰蓝的木作隔间下方点缀黑色饰板，呼应了玻璃背面的蕾丝。淡灰色的透明玻璃，亦让整体更感柔和。

5 活动式小吧台成亲子天地。

女主人希望在厨房料理家务时也能关照到孩子，设计师为她规划了一座可作为亲子互动的小吧台。吧台底柜由灰蓝色木板拼接而成，搭配白色的 IKEA 高脚椅，从而延续客餐厅的基本风格，并且可轻松移动，让房主能视实际需求调度。

6

6、7 开放餐厅成为浪漫角落。

玻璃隔屏加装及胸的蕾丝装饰，仿若置身欧洲传统咖啡厅，同时也让女主人举办下午茶会时，能更好掌握来客的进出状况。两张英式乡村风的白餐椅，搭配一组IKEA 原木餐桌椅与餐柜，加上房主好友赠送的美式古典水晶吊灯，展现出乡村风的随兴与多变。

7

8

8 卧室采用纯白色系营造清爽魅力。

整墙的落地衣柜，以白色门片勾勒简约的立体线条，构成清爽、优雅的背景。门片腰部点缀小巧的 PU 线板，小天使造型强化了细致与优美感。

9 双层书柜暗藏的多重玄机。

书房配置落地柜墙，双层设计可容纳更多藏书，也适度地遮住后方的柜子而让立面更显干净。书柜亦沿用一致的基本风格，以白色层板搭衬灰蓝色线板，配色清爽又知性。

9

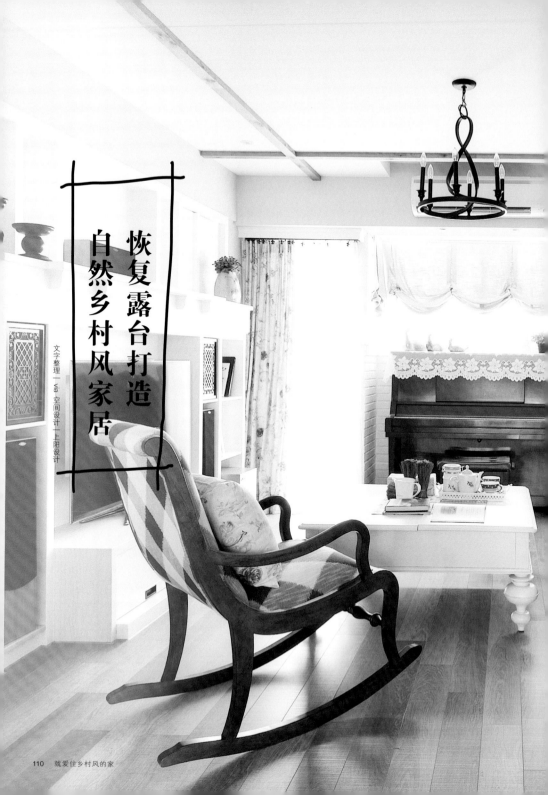

恢复露台打造
自然乡村风家居

文字整理—Vicky 空间设计—上阳设计

房主 重视收纳空间的规划，想要有个开放式厨房，并维持四房配置，让孩子都有独立房间。要求卫浴局部变更，并采用干湿分离设计。

HOME DATA

面积 35 坪
屋型 单层
家庭成员 夫妻、孩子 ×2
格局 玄关、客厅、餐厅、厨房、主卧、主浴、儿童房 ×2、书房、卫浴
建材 磁铁黑板、实木板、KOHLER 卫浴设备、橡木橱具、仿古石英砖、天然木器涂料、超耐磨木地板

　　女主人通过网络爱上了上阳设计团队的作品风格，购下房龄 10 年的公寓后决定请上阳设计进行规划。这套房子格局方正，而且三面采光、四面通风，基础条件佳。在考虑房主实际需求后，设计师局部变更了厨房与餐厅、餐厅与后阳台的隔间墙，让空间更自由而宽阔。

　　明亮的光线最能表现出色彩的丰富层次，打掉一面介于餐厅与厨房的隔间后，改以吧台式料理台替代，同时局部变更出入后阳台的动线，其他配置则维持三卧室加一书房的设计。卧室针对孩子不同性别，分别使用碎花壁纸与水蓝立面，打造女孩房与男孩房的鲜明区别。为了修饰户外景观，设计师选用极具乡村风特色的百叶窗，可随意调节叶片角度，兼顾卧房隐私考虑又能自由控制光源。

　　特别一提，房主有一台古典钢琴要放在客厅，设计师将原本外推的阳台，重新内缩修改成白砖墙与高窗，利用双层罗马帘的帘幕效果，辅以左右两侧对称的古典格子门，形成宛如"剧场"般的舞台风格。设计师重视室内与户外景观的融合，借由露台的缓冲特性，营造出城市中难得的乡村气息。

　　户外紫红色花朵、方砖铺砌与室内的大地自然配色之间，利用露台的缓冲特性，将室内与户外景观连接，以退为进，创造难得的乡村气息。用色彩创造鲜明个性，搭配可调节光线的百叶，以优美线条比例，将日照化为柔和光束，轻洒在每个肌肤触及的地方。

1、2 内外景观相融的设计。

原外推阳台还原，改以内缩方式处理，两侧门片对开，重新恢复地面排水，打造出一个缓冲室内与户外景观的露台。壁面采用局部粉刷以及粗犷的水洗石构筑而成，地面重新铺砌复古花砖，连同阳台的龙头都换上复古造型。

3 不可忽略的玄关储物设计。

玄关旁的收纳柜体采用三面式设计，一面迎向玄关，上有展示空间、下有鞋柜收纳；另一面则是钢板漆黑门片，内可储放风扇、除湿机、吸尘器等中型物品，门片也可作为黑板备忘记事使用；面向厨房的一面则是冰箱放置空间。

4 功能优先的定制柜。

空间中选用许多来自美国的家具，温暖的枣红色沙发则是房主最爱，但仍有少部分是设计师为房主选购的家具，以符合现场实际尺寸。部分可移动的家具则依房主需求量身定制。

5 厨房以安定感的配色疗愈心神。

设计师选用灰绿色橱具作为烹调空间的主色调，辅以土黄色壁面、白色人造石台面，以及白色饼干砖相搭配，少量而关键的柚木集层木纹吧台，制造出画龙点睛效果，吧台下方还收纳了一台洗碗机。

6 腰板设计使陈列、清洁两兼顾。

挑高两米八的空间，壁面采用腰板设计，从客厅一路延伸到餐厅。腰板不同于一般高度，改成 160cm，并定制 8cm 的平台，此平台恰是视觉与身体可触及的高度。壁板喷白漆后，上方可供房主陈列生活创意小物。

7、8 兼具个性与安定感的配色设计。

黑色温莎椅、黑色床架、黑色书柜，建构出充满个性的男孩房。为了避免过于沉重，辅以水蓝色系墙色，并安置壁灯满足睡前的阅读需求。设计师选用 NORMAN SHUTTERS 百叶窗，兼顾隐私保护与光线控制双重功能。

9 珪藻土应用于卫浴间。

珪藻土具有细致多孔的材质特性，具有遇有湿气时强力吸入，过于干燥时则会将先前已吸入的湿气释放出的特点，达到调节湿度的作用。设计师将珪藻土用于卫浴，辅以方砖铺砌，营造干爽、自然的卫浴空间。

10 复古方砖展现质朴乡村气息。

基于串联内外空间的氛围考虑，设计师以复古方砖经由不同方式拼贴，并将洗水槽采用浇铸式灌注手法筑造，台面则以水洗石处理，以呼应乡村风特有的质朴风味。

大男人也万分着迷的
Country Style

文—詹雅婷 Mimy 空间设计暨图片提供—原木工坊

房主 李先生和太太 两人计划着退休后的生活，第一步
就是打造理想的居住空间！

HOME DATA

面积 33坪
屋型 单层
家庭成员 夫妻
格局 玄关、客厅、餐厅、厨房、主卧、卫浴、客房
建材 实木、花砖、镜面

　　退休后的理想生活是什么样子？适度宽敞却不会觉得寂寥的客厅里，和心爱的人牵手坐在沙发上小寐一会儿，傍晚时分走到露台花园，和两只忠实的狗宝贝欣赏即将落下的微醺夕阳，厨房中岛上刚泡好的茶，飘散出阵阵清甜的香气……

　　李先生和太太买下一房和一间紧邻的套房，户外的露台空间是最大特色之一，但仍需重新调整格局，使空间被最大化利用。两人都喜欢木屋给人的惬意感受，却又不想要一成不变的"木头屋"，而多数人心中的乡村风情和他们所偏好的Country style更截然不同，他们想要宁静沉稳而又带有恬淡温柔的风格。

　　擅长使用木素材的原木工坊设计师，在考虑房主的生活习惯、动线、通风和采光等关键因素后，大刀阔斧地打掉隔间，改变大门位置，将原有套房空间转化为客卧和玄关走道，同时运用畸零空间构建小型储藏室，让空间利用最大化！为解决原本因格局而造成采光不佳的问题，遂将大面积的窗户重新划分给相互开放的公共空间，使光线可以率先穿过餐厨空间，一路游历至邻近客厅，从而创造明亮清爽的家居景象。

　　由于房子本身为较老式的钢构建筑，屋高不高且有梁柱导致压迫的感觉。设计师以客厅上方天花板大梁作为骨架，仿照斜顶的设计手法，让木棱倾斜地平行排列，成功打造出小木屋的经典要素。此外，更打破一般人对于木质的刻板印象，以咖啡色和白色为基础，搓揉粉灰色系调和令人百看不厌的"奇幻木色"，包括淡灰、淡粉紫、淡粉绿等。以手工染色上漆的特制木材，展现缤纷又恬淡的浪漫奇境！

1 乡村风也要 man！拜啦小碎花。

以略带男人味的灰色与大地色取代小碎花和明亮色系，申视
墙以灰、白、深浅木色画出斜条纹图腾，协奏出别具一格的
乡村歌谣！

2 天花板动手脚，平房变木屋。

在老屋天花板上有一支压顶的大梁，设计师以包覆的手法，搭配自两侧发散出的横木条，创造出宛如小木屋的檐顶特色。

3 女人绝对醉心的景观中岛。

厨房空间拥有最美的景观，坐在兼具收纳柜、吧台、备餐台功能的独立中岛处，可时时刻刻拥抱窗外的自然风光，料理时也能有青山相伴。

4、5 在厨房遇见素雅与花海。

不锈钢的台面与玻璃吊灯一刚一柔，调和出宜人的空间温度；
素色的木餐桌与地面、壁面的花样瓷砖形成趣味对话；用餐区
域背墙以灰色水泥嵌入切割成手绘设计的花卉样式木材，呼应
了黑板上的植物彩绘，带来视觉的盛宴。

6、7 粉嫩淡妆 vs 暖心男人味。

来到玄关走道，粉橘色和粉紫色已让人卸下心中疲惫，推开欧风木门则能抵达储藏空间；最让人缓解压力的卫浴空间，更是以粉绿色道出木质空间的治愈秘密，搭配同色系的壁砖，仿佛一句来自暖男的悉心问候。

8 都会 mix 工业风的旅店风格。

主卧床头板以手工染色的木头拼贴出独特的都会风格，铁件和原木的两大特色配置更衬托出工业风的旅店风格！在主卧窗户边设置架高的平台，可供房主阅读时坐卧，下方设计为收纳抽屉，更加方便。

9 遗世独立的空中露台。

原格局拥有开放式的阳台，为了让心爱的狗宝宝安全行走，阳台壁面采用适合户外的南方松木材，地面则铺设木纹砖，清洁工作也简单不费力。

田园与摩卡的
乡村醇调家居

文／宇文宋陵　室内设计及图片提供／天津室内装饰设计有限公司

1 运用壁板、砖材营造乡村氛围。

入门处饰以复古地砖，带出怀旧风情，鞋柜采用不落地的轻盈设计，墙面则加入壁板强调乡村风格。另将客厅门片巧妙隐于墙内，落实清爽立面的空间。

房主 为一夫妻、一小孩，针对时下台北的小家庭，或年轻夫妻未来计划生孩子的需求来做设计。

HOME DATA

面积 28坪
屋型 单层
家庭成员 夫妻、小孩×1
格局 玄关、客厅、厨房、餐厅、主卧、儿童房、工作阳台
建材 壁纸、百叶门、百叶窗、壁板、文化石、木皮、油漆

在不动格局、不敲墙壁的情况下，禾捷室内装修设计以独到美感，依循小家庭的人口模式，在28坪的空间内，采用适合小家庭的欧式田园乡村风格，让房屋焕然一新。整体的色彩计划则大胆地使用跳色技法，采用浓郁又不至过于沉重的摩卡色刷涂墙面，为空间注入大地气息，同时又蕴含人文风华，且不像一般设计师在规划乡村风格时，仅保守地于几面墙刷色，反而大胆地将客餐厅、玄关等区域墙面进行大面积涂刷，强烈地表达个人风采。对家居中的细节亦格外用心，带有复古韵味的铁件、灯饰，强调古典线板、壁板线条等修饰元素的搭配，让空间突破传统的乡村风元素，营造出耳目一新的韵致；电视墙则融入实用的收纳展示功能，选用窑烧的浅灰色文化石堆砌而成，并通过质朴手感调合墙面的强烈色彩，再缀以小碎花布艺沙发，将多种自然元素相互糅合，彰显出春天感十足的缤纷意趣。

采光亦是乡村风格中不可或缺的重要元素之一，除了在光线较弱的玄关处加入灯光照亮入门区域外，也特别规划两根木格栅延伸餐厅墙面，让入口视线可以获得缓冲，并增加室内用餐领域的空间，一旁贴上碎花壁纸的结构柱则昭告了里外的转折，再嵌上一盏复古壁灯点亮墙面，建构出视觉亮点。主卧则有别于公共空间的大面积跳色，采用了碎花壁纸铺床头，营造小而美的温馨气氛，而次卧中则使用大片的白色落地百叶窗，调节过于刺目的自然采光，并以鲜明的黄色做大面积挥洒，展现独具风格的南法乡村情怀。

2 巧妙修饰空间缺点。

餐厅主墙连接两根格栅，延展立面的视觉尺度，并化解玄关结构柱体的突兀存在感。采用碎花壁纸与复古壁灯修饰，将其作为界定内外的美丽焦点。

3 摩卡色调的细致优雅。

空间采用浓厚但不至过于厚重的摩卡色铺底，营造温暖感觉，并揉入线板、壁板的框饰，搭配格子窗与百叶的装点，刻画出有如美式电影的家居场景。

4 质朴悠闲的墙面风格。

文化石电视墙以半高墙形式呈现，打造温润手感，并作出弧形修边的展示台面，拓增置物空间。右侧结合了百叶收纳机柜，完善视听需求。

5 缤纷热闹的春天意象。

摆设复古碎花布艺沙发，通过缤纷图案渲染热闹感受，同时可与室内摩卡大地色相互呼应，带出春天感的生动氛围，表现出经典的乡村印象。

5

6 开放平衡的厅区视野。

开放式的厅区配置，让采光、视线得以自由流动，并巧妙让家具高度与壁板齐平，以完美分配空间视觉上下重量，构筑平衡的居家视野。

7 亲切无拘束的私人区域。

卧室搭配线条简单的家具，并延续乡村元素，以碎花壁纸铺设床头主题，搭配对称的壁灯以塑造亮点，诠释出亲切而怀旧的卧室气质。

8 活力奔放的色彩配置。

次卧大胆挥洒鲜黄色调，搭配白色家具，将南法乡村风格的热情元素融入其中，再搭配百叶落地窗调节入室光影，让空间洋溢着满满的活力。

9 在细节处装点清新质感。

梳妆台、床架等家具呈现质朴的流线造型，并随处可见精巧的细节刻画，就连抽屉把手也与抱枕相呼应，有着可爱的花朵图样，充满清新韵味。

经典优雅的白色
美式乡村住宅

文字整理—Vera 空间设计暨图片提供—达睿设计

1 复古砖与木地板界定里外空间。

为界定里外空间，玄关地板拼贴灰蓝色复古砖和木纹砖，使入口宽度增加以更显大气，门斗则以线板修饰。客厅等公共空间铺设的木地板则选用山形纹非亮面处理的材质，从而更突显质朴氛围。

房主 已是第二次和达誉设计合作，拥有一定的默契，这次希望以经典优雅的美式乡村风格，打造完全适合一家人需求的幸福家。

HOME DATA

面积 50 坪
屋型 单层
家庭成员 夫妻、小孩 ×2
格局 玄关、客厅、餐厅、厨房、主卧、卫浴、次卧 ×3
建材 木地板、复古砖、陶瓷烤漆、壁砖

这是房主第二次和设计师合作，空间中以恬淡柔和的雾乡色及纯白色为主色调，融入典雅的线板、拼接复古砖等元素，营造乡村风格的温馨感，使每个细节都讲究且到位。

设计师通过调整通往房间的走道比例，将厨房墙面延伸，以便让喜欢下厨的女主人能有更多空间大展身手，为家人料理出一道道美味佳肴。玄关天花板以格栅搭配柔黄色的照明光线，加上别致的木纹砖、雅典蓝地砖，共同交织铺叙出一方转换心灵的专属区域。至于朴实粗糙的质地除了带点复古时代感，也兼具安全考虑。玄关处配置整面衣帽柜，让人进门后便能将鞋子、雨伞等物品归位。中间留出的展示空间可摆上喜欢的小物，令人一进入室内就能放松心情。

公共区域采用开放式设计，将客厅、餐厨、书房相互串联，在视觉上营造扩大空间的效果。客厅和书房以壁炉造型的电视墙作为领域界定，不做满的设计让视野更加开阔；厨房和餐厅之间加设中岛，偌大的空间可以容纳一家四口一起下厨，从而以设计凝聚与家人的互动时光，再搭配意大利拼色彩釉壁砖、地面的复古砖，以及典雅造型的柜体设计，将乡村风的温馨幸福韵味完整呈现。

穿过厨房旁的走道来到主卧，设计师更改格局，缩小房间内的卫浴空间，并将床头左侧的出入口改向，在清新明亮的采光下，宽敞的主卧看起来更加舒适。走廊间贴心地运用乡村风的造型门片隐藏了脏衣篮，轻轻推开上方门板，将待洗衣物放入篮内，需要洗衣服时，只要打开下方门板就能将洗衣篮取出，既美观又实用。

2 色彩与线板营造优雅感。

全室墙面选用绿带灰的雾乡色，与柔性的乡村风调和成刚刚好的中性风格。墙面和柜体的造型线板，搭配地板的木纹质感，共同营造出温馨的美式乡村居家。

3 电视墙结合壁炉造型。

半高电视墙以白色为基础色调，以简约线板点缀细节。客餐厅采取无隔间设计，让空间更显开阔，电视墙的另外一边则是开放式书房台面。

4、5 梦幻的白色中岛厨房。

开放式厨房结合中岛设计，讲究弧形比例的角柱更是视觉焦点。乡村风格厨具搭配墙面拼贴的意大利彩釉立体壁砖，以及吸引目光的五金把手，让做菜时的心情更加愉悦。

6、7 舒压主卧同时隐藏满满功能。

整面系统柜的设计隐藏了原本产生压迫感的梁柱，搭配陶瓷烤漆面板，统合了空间的线条之美，黑色复古型五金亦增添了质感。雾乡色墙面搭配白色床架和边柜，营造出舒服且放松的入眠氛围。

6

7

8 量身定制开放式书房。

将书房纳入客餐厅空间，以开放式设计连接后方的书墙，无论阅读、工作时都能与家人互动。

9 廊道隐藏便利收纳。

走廊以系统柜打造大型家电收纳柜，门片是在工厂定制的陶瓷烤漆门板，线条则与踢脚板和门斗风格一致，让家居散发优雅又不过分甜美的气氛。

自然原味的
乡村风好宅

文字整理 | Via 空间设计暨图片提供 | 其可设计

房主 Margaret 女主人 Margaret 是平面设计 soho 族，与另一半都是热爱背着相机出门的背包客，喜爱艺术与设计，关于装修自家大大小小的东西，都是亲自寻找价钱合理又喜欢的素材，再与设计师一同讨论使用、摆设。住宅装修就是一趟高潮起伏的发现之旅，家里的每一个角落都留下动人故事。

HOME DATA

面积　37.5 坪
屋型　单层
家庭成员　夫妻、狗 ×2
格局　玄关、客厅、餐厅、厨房、主卧、次卧、开放式工作区、更衣室、双卫浴
建材　马赛克、杉木、仿古橡木地板、定制家具、ICI 涂料、复古砖、百叶门、装饰线板

1 让空间更有味道的照片墙。

餐厅的墙面漆颜色是让人食指大动的奶油色调，搭配杉木天花板、线条拙雅的木制餐桌椅、餐具柜，勾勒出西式风格的餐厅面貌。设计师另挑选了男女主人自拍的旅行照片，裱上框，大大小小地挂上墙。Margaret 认为墙上加了承载着回忆的照片，让家的味道更浓了。

带着两只爱犬、一只老猫，一起进驻这个临近碧潭的背山住宅已有一年多光景，对于这个家的喜爱之情，女主人 Margaret 感性地说："我很喜欢我的家，不只是因为旁边有山，和家里装潢得美美的……而是因为在买屋、装潢的过程中，我和我先生经历了许许多多上帝丰盛的恩典！从我们可以用很便宜的价格买到这幢物超所值有山景的家，到找到可以帮我们实现梦想的设计师"。

曾经格局是标准的四房配置。而今舍弃两间房，换来一个超有气氛的大客厅。"原本还想弄一间独立工作室，后来考虑到预算，又想到自己关在房里，看不到狗狗，于是便将工作室并入客厅。" Margaret 回忆说。对她和另一半来说，家是和朋友相聚的地方，房子一装修好，上门拜访的客人不绝于途。Margaret 家曾创下最多一次招待 30 人的惊人纪录，宽阔的空间、女主人烤的一手美味糕点，让家成了亲友办派对的首选场地，大伙儿的签名留言、欢乐留影，密密麻麻地贴满了 Margaret 亲手做的留言本。

客、餐厅是分开的两个大区块，客厅整合 Margaret 的工作书房，厨房连接餐厅，狗狗、猫儿在家享有自在的活动空间。色彩也是大伙儿对这里的深刻记忆，充满自然感的大地沙岩色彩恣意地在客厅里挥洒；餐厅则是让人食指大动的奶油色调；一进门的玄关刷上清澈的天空蓝，风、气缓缓流动，加上有着英国老房子旧地板味道的仿古橡木地板，且刻意保留木地板的不平整度，让脚踏走的触感更是实实在在。生活充满自然原味。

2 善用畸零空间的角落。

利用原建筑外凸的特殊设计，在客厅角落
形成的畸零空间安排卧榻，底部是支持客
厅收纳的储物空间，卧榻铺上软垫，构成
欣赏屋外绿意的悠闲角落，也适时弥补了
客厅座位有限的不足。刻意加宽卧榻，也
可成为午后小寐的角落。

3 入口加宽串联空间感。

设计师刻意加大玄关进出客厅的开口，让
前后两区的关系更为紧密，景深更远。门框、
踢脚边都特别加上线板处理，再刷上白色
漆，使其在大地砂岩色彩的墙面蜿蜒曲折
成一道美丽的线条，缓慢地流动着。

4 开放式书房兼工作室。

调整房子的格局时，Margaret 原本想要一间独立的 soho 工作室，但考虑到预算，又无法兼顾照顾狗狗，所以接受设计师的建议，将工作室以开放式书房的形态并入客厅，将待客空间的视野整个打开。

4

5 用厨具打造家庭品酒室。

房主夫妻俩精心挑选了实木厨柜。上层的吊柜内，藏物琳琅满目，给了派对最需要的餐盘、瓷杯的收纳展示空间，也是这个家的小小藏酒柜。偶尔Margaret的父亲来作客时，餐厅就是父女俩的家庭品酒室。

6 用厨具整合电器与细节收纳。

Margaret 对乡村风厨柜情有独钟，"一"字型实木厨柜结合电器柜设计，当中又统合了抽油烟机罩、杯盘收纳置物架及藏酒架等细节，洗碗机也利用装饰线板的门板来修饰，使其不突兀地融入空间。

7 引进采光的窗。

原以为餐厅旁的格子窗背后是一间房，实际竟是隐藏于玄关背后的客浴。原来，建筑商预留了这样大小的墙洞，但在房子装修时并未回填，设计师索性将其改造成餐厨空间的美丽窗景，也使得没有外窗的客浴能够分享餐厅的采光。

8 为宠物设计的门。

Margaret 希望给陪伴多年的狗狗、老猫一个足够宽广的空间。餐厨空间是宠物们的基本活动区域，入口处还特别加了雕花的矮门，是狗狗的专用门，也与室内的乡村风格吻合极了。

9 用地板材质区隔空间。

开放式玄关两侧，一边是百叶门衣帽间，另一边则是偌大的落地镜，透过镜子反射空间景深，让人在进出小玄关时不会觉得拥挤。设计师另借由地板材质的不同，来区分玄关与客厅，质朴的复古砖也带来自然乡村风的迎宾意象。

PART 2

DETAIL

设计细节

天花板

为了表现乡村风格的乡野情怀
与趣味，天花板多半采用木头
横梁一字延伸，或是以木质板
材铺设，营造自然休闲的轻松
韵味。若是再搭配斜屋顶的特
殊空间结构，则更能感受到仿
如置身度假小屋的怡人氛围。

斜屋顶让空间洋溢度假风情。

源自于梁柱支撑的木屋结构，其中有如小木屋
般的天花板造型，能展现宛若度假般的悠闲氛
围，多以实木施作，呈现自然韵味，但需达到
一定高度才有足够空间构筑斜顶造型。

图片提供◎摩登雅舍室内设计

木梁造型犹如欧式小屋。

仿造木屋桁梁结构所设计的装饰木梁，能为空间带来温暖古朴的氛围。平行序列带来秩序的美感，同时也能修饰结构梁。若担心木梁产生压迫感，只要选择尺寸较小或木色较浅的木材就能避免。

图片提供 © 摩登雅舍室内设计

图片提供 © 摩登雅舍室内设计

做工精致的线板成就优雅天花板。

以线板层层堆砌细致线条，来描绘出优雅的天花板。一般线板多为实木、PVC 或内部填充泡棉的现成线板。不同线板造型能展现不同乡村风格，像是欧式风格有较多装饰雕花图案，美式线条则较简约。

图片提供 © 尚展设计

结构感造型彰显大厅气度。

挑高格局加上多面采光，空间开阔感浑然天成。天花板设计采用木梁结构与企口天花板，适度突显建筑感，搭配墙面大钟更显客厅不凡气度，也与房主喜欢的乡村风家具饰品相呼应。

白色企口天花板休闲感十足。

以白色企口板铺设客厅天花板，
除了营造欧风木屋意象之外，也
为空间带来休闲感，同时与漂亮
的实木拼花地板相互辉映。

层叠线板柔化空间线条。

天花板以多层线板包边，客厅区留出高度，廊道及餐厨
区延伸天花板修饰管路，线板同时兼顾照明，以柔和光
晕弱化空间线条的锐利感，让空间充满暖意。

最小空间变身成秘密小木屋。

由于男孩房空间不大，且左右都有大梁通过，
设计师便利用骨架外露的双斜屋顶，巧妙修
饰结构缺点，使视觉有向上延伸错觉，空间
虽小也不感觉压迫。

空间设计 © 森林散步设计　摄影 © 蔡宗昇

刷白后竹天花板的度假情调。

拆除旧天花板后意外发现了竹架构，于是做了刷白翻新的处理，结合斜屋顶的特色，展现出犹如度假木屋的氛围。而原隔间的结构也做了保留，变成了呼应乡村风格设计的弯拱造型。

图片提供 © 原木工坊

斜纹天花板让视觉集中。

由于空间太过四平八稳，设计师想要让空间活泼点，因此在餐厅的天花板上利用绿色染皮的实木横梁，以栅格的方式，斜切至角落，形成一个视觉导引。

摄影 © 王正毅

图片提供 © 采荷室内设计

兼具视觉与照明功能的格栅。

延伸玄关的格栅屏风至天花板上的实木格栅，让空间呈现乡村风的朴实感，并通过隐藏式的间接照明，在必要时补强餐厅吊灯照明的不足。

简洁利落的木作天花板。

简洁的造型天花板搭配灯光的设计，让主卧的气氛柔和，更符合日系乡村风的轻柔调性。

地板

乡村风的地板设计，通常都以复古砖、木地板、拼贴地板为主要素材。复古砖经常运用在厨房与卫浴，也有人在整个公共空间使用，以营造乡居、怀旧的气氛。木地板则可依个人喜好及预算多寡，选择实木、海岛型甚至超耐磨地板来表现温润的质感。

营造乡村氛围首推复古砖。

复古砖是乡村风常见的地板建材，一般以大地色调为主，在花色上有单色素砖，也可搭配花砖运用。复古砖具止防滑、调节湿气与不显脏等特质，从功能考虑相当适合用于地板铺设。

空间设计 © 森林散步 摄影 © 方东齐

空间设计 © 森林散步 摄影 © 方宏齐

木地板营造自然温暖氛围。

取材天然的木地板，木质的色泽和纹理都与讲究自然、有温度的乡村风格十分合衬。由于台湾气候潮湿，木地板容易产生变形问题，有木纹质感又比传统木地板耐潮的超耐磨木地板，是相当不错的替代选项。

图片提供 © 采荷设计

创意手作，独一无二嵌贴地板。

利用碎瓷砖、小石子或马赛克砖镶嵌拼图，或利用瓷砖剩料拼贴出别出心裁的地板，展现出如美式乡村风拼布般的缤纷美学。通常是局部运用，面积不宜过大，以避免失去焦点及成本大幅增加。

图片提供 © 采荷设计

变化复古砖贴法活泼空间。

复古砖在铺贴时常配合装饰用的花砖来增加亮点，而且贴法上也有菱形斜贴、双色跳贴等活泼变化。

仿石材廊道营造美式庄园大气感。

不同于木地板的直式铺设，廊道采用仿大理石瓷砖且裁切为
30cm×70cm做人字拼贴，并以抛光处理呈现雾面质感。另
外搭配天然石材滚边，替廊道打造如地毯般的视觉印象。

适度点缀创造惊艳效果。

卫浴地板延续客厅区的仿石材瓷砖做直向拼
贴，但不同于客厅区廊道以天然石材滚边，卫
浴采用马赛克花砖做滚边，马赛克砖选择较小
尺寸，借其丰富花色点缀空间，创造吸睛焦点，
又不失卫浴空间原本诉求的优雅风格。

淡雅花砖打造清爽乡村印象。

利用浅色系为窄长的玄关营造明亮
清新感，同时两边墙面利用菱格纹
展现墙面变化，地板则以较为活泼
的淡雅花砖铺设，让人一踏进门，
就能感受清爽乡村味。

超耐磨地板也能创造温暖氛围。

因为家中有宠物的关系，加上预算考虑，所以选择了超耐磨木地板，一样可以达到乡村风的温馨质感。

充满怀旧气氛的复古砖。

利用复古砖作为厨房地板，不仅带有浓厚怀旧气氛，也兼防潮功能。大地色系的瓷砖搭配绿色橱柜格外相衬。

水泥地板嵌入木雕拼花。

利用水泥及手工嵌入染红的木雕花瓣，再涂上特殊漆防止卡灰尘。灰色水泥的质朴原色，让玄关地板呈现极具个人特色的乡村质感。

染色木地板增加稳重感。

为呈现稳重的感觉，客厅的架高木地板采用200cm长，14cm宽的实木并染成深灰色，每一片均以手工染色，呈现实木纹路，从下订单至现场施工约需20天工期。

墙面

墙面的设计是乡村风的重要元素。以垂直线条的腰墙设计表现日式乡村风，或英式乡村风空间也经常可见。除了木作腰墙，在预算不足的状况下，也有类似的壁纸腰墙，或用硅酸钙板切割拼组的变通手法。

利用文化石注入人文气息。

文化石可分为天然与人造两种，前者质地坚硬、色泽鲜明、纹理丰富，具抗压、耐磨、耐火、耐寒、吸水性弱等特性；后者质地轻、色彩丰富、不霉不燃、便于安装。表面纹理有板岩、风化石、层岩等不同效果可选择，重量比原石轻盈许多。

图片提供 © 郭璇如室内设计工作室

用壁纸快速建立风格印象。

通过粘贴于墙面就能改变空间风格的壁纸，除了素色、古典、几何图腾等常见种类，还有绒布、皮革、仿石材款式，乡村风格建议选用小碎花、格纹。

以砖拼贴出个性化乡村风。

适合乡村风的砖种类包括陶砖、复古砖、马赛克砖等，搭配多元拼贴方式，能产生独特效果。多半有易清洁好保养特性，以清水清洁即可，若特别脏污，可使用中性清洁剂。

图片提供 © 摩登雅舍室内设计

图片提供 © 陶玺空间设计

活用壁板，乡村风立马成形。

不论是实木企口墙板还是白色腰壁板，皆可创造出乡村风温润、温馨的质感。根据宽窄幅度、木头深浅与染色喷漆的差异，能创造出各式乡村风貌。壁板通常以钉枪固定在墙面，或先钉角料再钉企口板，墙面如不平整可利用角料顺势微调。

抹出绝佳手感珪藻土墙。

珪藻土适用于墙面、天花板，具有优异的隔热性，且具调湿功能，可分解、去除化学物质，能改善室内空气质量。用于室内可营造质朴感，与乡村风风格相当吻合。

图片提供 © 采荷设计

弧线造型柔化空间。

客厅的沙发背墙以弧线造型修饰，可有效柔化空间线条，并搭配花卉图腾的壁纸，强化风格元素。刻意选用与沙发相同的色调，延续空间视觉。

图片提供 © 摩登雅舍室内设计

图片提供 © 采荷设计

用石材打造南欧度假屋。

纹理独特的石材不需再做任何加工即可丰富墙面设计，天然石材或抿石子最能呈现粗犷、朴拙的南欧乡村风情。其硬度、抗磨性、耐压性高，不需担心脱落等问题，时间愈久愈能突显其质感韵味。

充满艺术感的手作墙。

即便是相同的涂料，利用不同的方法表现，也能产生犹如自然风化的斑驳感，形成极富个性化的艺术创作，让壁面多了一层手感的温度。

图片提供©摩登雅舍室内设计

图片提供©摩登雅舍室内设计

添加宛若拱窗的弧线元素。

仿造日式壁龛的设计，或用泥砌，或用木作完成，为廊道、转角或隔屏等增加拱窗造型的弧线，以柔和方正的空间感。

打造乡村复古的卫浴空间。

卫浴空间的壁面在腰线下以白砖彰显出复古的味道，淡蓝色的墙面与绿色门板让空间中蔓延自然而轻松的乡村风格。

图片提供©唐谷设计

图片提供©郭璇如室内设计工作室

以怀旧红砖营造气氛。

餐厅是家人相聚的重要空间，因此营造温暖舒适的气氛是相当重要的。此处选择以红砖铺叙出怀旧的乡村风格，特殊的纹理也带来了变化感。

门

乡村风的门，通常都会选择温润的木门，白色或者淡雅的色彩，最适合搭配乡村风的空间。而门上的装饰通常都会巧妙地利用花卉、彩绘布置或特殊的五金把手来凸显乡村风的风格特质。有些人会选用法式玻璃门，用来突显特定的法式乡村风格，或用布饰柔化材质给人的阳刚印象。

百叶门片以线板修饰。

柜子或是储藏间等室内门采用百叶造型门片，除了营造乡村风格之外，也有通风的效果。门片加宽并以线条简单的线板修饰，为房间注入清新乡村风。

空间设计 ◎ 森林散步　摄影 ◎ 方宏齐

仿旧刷漆处理营造复古感。

木作门片采用纯白油漆搭配仿旧处理的手法，让这三道开口成了立面的最佳装饰，也低调点出美式乡村风的韵味。

图片提供 © 唐谷空间设计事务所

以欧风元素拱形门修饰空间。

拱形门是欧洲建筑的重要元素，圆弧造型能转化现代空间过于生硬工整的线条。位于梁柱间的弧形曲线不但可界定空间区，也能修饰梁柱线条或不对称的墙面。

图片提供 © 摩登雅舍室内设计

对开格子门引入自然采光。

玻璃格子门能引导光线，让自然采光进入室内，能营造乡村风格最令人向往的自然氛围。相对的，隐私度和隔音效果就没那么好。

图片提供 © 尚展设计

细长百叶折窗增添美式优雅。

乡村风最常用的百叶门窗，尺寸刻意采用细长造型，利用细长比例营造拉高延伸效果，展现美式乡村风格空间优雅的一面。

复古铁件木门加深入口印象。

由于为一层一户格局，设计师以木质结合铁件铆钉设计复古感大门，营造优雅大气的家居印象，一旁的鞋柜门片则用顶天白色百叶延续入门气势。

图片提供 © 普建豪建筑师事务所 /PartiDesign Studio

图片提供 © 郭璇如室内设计工作室

图片提供 © 摩登雅舍室内设计

格子拉门区隔主卧与书房。

由于卧室没有对外采光，故以紧邻的书房采用格子拉门导入自然光线。白色木作喷漆搭配雾面玻璃，让空间感明亮通透，但又不至于一览无遗。

摄影 © 王正毅

改造门面的技巧。

把旧门改成乡村风门板，再刷上素雅的漆，与自己手工彩绘的墙相互呼应。再放上装饰性挂饰，及精选的门把，使得原本老旧的入口，变得温馨而且与众不同。

实木大门营造庄园意象。

缅甸柚木，生长到成材最少需要 50 年。生长缓慢，其密度及硬度又较高，且因富含油质，所以防潮、防虫、稳定性佳，相当适合做门片。

摄影 © 蔡宗昇

图片提供 © 原木工坊

空间设计 © 森林散步设计　摄影 © 蔡宗昇

以不同门片设计引导空间。

为区隔房间及功能，通往卧室的门以十字花样搭配玻璃，让餐厅及卧室采光通透。为保留隐私，浴室的门上浮雕一棵树，也让空间更活泼。

木格门加装纱帘且不做满。

木制大门镶嵌着透明玻璃，让光透入室内，拥有一双巧手的女主人还为门裁制了半腰高的门帘，恰巧阻挡外部视线的进入，又不影响光线穿透。

窗

乡村风的窗，往往会在窗框增设线板与突出的窗台。白色格子窗，或木作假窗，均能增添乡村风的悠闲气息。窗帘的选择也是关键之一。花卉主题与自然图腾的窗帘是许多乡村风设计不可或缺的选项，不论是飘逸的纱帘还是稳重的罗马帘，都有许多乡村风爱好者选用。

室内装饰窗增加期待感。

室内隔间墙可通过开窗设计，让两个空间产生互动与连接，并让人产生期待感，进而有放大空间感的效果。

摄影 ©Yvonne

图片提供 © 摩登雅舍室内设计

窗台设计缓解室内封闭感。

在南欧常见的窗台设计中，加上外推窗的应用会让空间产生微妙的变化，带来虽然是室内却又与室外互相串连的开放感受，窗台也可摆设装饰品或植物。

加装百叶窗就有乡村风味。

一般铝门窗设计总给人刻板和冷硬的感觉，可通过加装百叶窗，加强乡村风格印象，同时兼具调光功能。窗型可选择细长型分割的款式，可让空间感更为挑高。

图片提供 © 普建豪建筑师事务所 /PartiDesign Studio

图片提供 © 摩登雅舍室内设计

以拱窗修饰空间线条。

拱窗的弧形比例，能修饰过于有棱有角的空间线条。外框与墙色或材质搭配窗扇的分割设计方式，都能成为空间画龙点睛的设计元素。

图片提供 © 陶玺空间设计

将书房开拱窗营造清新开放感。

为让书房与客厅连接，隔间上半部采用穿透设计，以四个连续圆拱造型的漆白木板结合壁板，为空间注入淡雅清新的乡村风格。

图片提供 © 摩登雅舍室内设计

营造屋中小屋的开窗设计。

书房与客厅之间以线板和推窗设计了窗台。宛如屋中小屋的空间场景，让两个空间成为彼此的景色，既活络家庭气氛也增加开阔感受。

空间设计 © 森林散步工作室 摄影 © 方宏齐

开窗作为空间端景。

用实木条框出端景，再以斜推和格子两种窗型引导视线，仿旧处理的双开木窗板可调度墙面风格，为空间注入南法风情。

是墙，也是窗。

原来只是一片单纯的半隔间墙，设计师特地在墙上敲出圆拱形的小窗，搭配木质窗台和假窗，既让空间有了穿透感，也使其成为家中摆饰的展示空间。

装饰空间的开窗设计。

窗不一定是工整的格状设计。原本想要做一个可推开的窗，转念一想，在室内开一扇窗，再用挂钩把彩绘玻璃挂上，用另类手法给了窗一个崭新的定义。

以拱窗体现地中海乡村优雅。

在玄关入口处利用蓝色瓷砖打造出拱形展示窗，并以白色补缝剂填补隙缝，再加上实木做的展示台，让人一进门就感受到浓浓的地中海乡村风情。

花瓣十字形实木窗框。

搭配衣柜的门片设计呼应至窗台。设计师特别利用实木雕刻十字花瓣窗棂，并染成绿色，架在气密窗上，再搭配绿色窗帘及寝具，让空间更加具有个人特点。

柜

不论是衣柜、收纳柜、书柜或者是厨房的厨具柜、甚至卫浴的浴柜设计，都可以左右乡村风的整体风格。找木工量身定制与风格相符的柜体，或者在厨具店、卫浴店甚至一般家具店定制适合的柜子，不仅可以满足收纳，更能打造完美的乡村风空间。

运用线板百叶设计柜门片。

肩负收纳任务的柜子，在乡村风格空间中，除了实际功能外，也被赋予造型装饰和风格营造的任务，加入线板和百叶是常见的做法。若不想要让画面变得过于复杂，可选择线条相对简单的款式。

图片提供©达睿设计

柜体采取对称式设计。

对位工整以求画面对称平衡，这样的概念从古典样式延伸至乡村风格后，便将繁复的造型简化，并就空间条件进行设计。利用梁下设计的造型柜，柜体采用对称式设计，并设计侧向收纳的书柜，维持视觉简单利落感。

空间设计 © 森林散步 摄影 © 方宏齐

结合壁炉造型的柜墙设计。

大面积的书墙为室内增添人文感，若想突显乡村风格的知性人文感，可融入壁炉造型元素设计柜墙，用来纯粹装饰或是为其赋予功能，都是空间里的吸睛亮点。

图片提供 © 陶玺空间设计

图片提供 © 原木工坊

宛如欧洲古堡的古朴书柜。

撷取原石堆栈意象，将它应用到现代住宅的电视主墙。板岩砖仿岩石堆叠的逼真肌理，搭配附梯的木质书柜，让整个空间瞬间有如置身欧洲古堡的浪漫。

中岛下方的迷你藏酒区。

定制的美式风格中岛，除造型
美观之外，台面下是功能十足
的柜设计。侧面依酒瓶深度及
直径设计藏酒区，开放式柜格
之外也有门片式收纳，从而让
品饮器具都能适得其所。

图片提供 © 大晴设计

图片提供 © 摩登雅舍室内设计

书柜背板以壁纸装点。

书柜除了放书和摆饰，能不能本身就是个装饰
品？木制书柜以线板框边，背板贴覆花纹相对简
单的壁纸，无论柜子上有没有摆饰品或书籍，都
不会显得单调或过于复杂。

图片提供 © 森林散步设计

柜透气孔造型附加功能。

外玄关采取悬空式设计鞋柜，底
部可放外出鞋或客人的鞋子，而
鞋柜透气孔则请木工直接在门片
穿孔，以解决恼人的异味，再搭
配五金外挂手把，让鞋柜造型带
点粗犷个性。

摄影 © 王正毅

量身定制的乡村风衣柜。

主卧室旁边的更衣室，选择白色日式乡村风的门板设计，双一字的衣柜，与超耐磨木地板非常相衬。

图片提供 © 原木工坊

波浪形书柜营造浪漫感。

一般书柜多半以直横线条切割，会使空间太过呆板，因此设计师将柜子的顶部及两边，设计成波浪纹路，为空间带来一点柔和感，再搭配小碎花窗帘布，使得空间弥漫着乡村休闲度假感。

空间设计 © 森林散步设计 摄影 © 蔡宗昇

老阿嬷的嫁妆柜刷白成新品。

保留老阿嬷年轻时侯的嫁妆柜，并重新整理外观，做了仿古时尚的刷白处理，变成提点乡村风格的新品。

摄影 © 王正毅

量身定制的浴柜。

自己动手绘图设计，再请木工师傅照图施工，制作出可收纳瓶瓶罐罐的浴柜，并搭配精心挑选的面盆及复古水龙头，让时光仿佛倒流。

灯

选对灯饰，有画龙点睛的效果。多层次的照明灯具，是营造乡村风空间气氛不可或缺的重要元素。不论是壁灯、吊灯、立灯或桌灯，温馨的灯光，以及独特的灯具设计，都能为整体空间气氛加分

花瓣造型灯具增添柔美。

带有大自然意象的灯具，很适合用在乡村风格的空间里，像是带有花瓣曲线造型的吊灯，只须考虑灯具大小和空间比例的关系，因为花瓣灯的形状比较复杂，不建议挑尺寸太大的款式。

空间设计 © 森林散步设计　摄影／刘士诚

蜡烛造型灯营造复古氛围。

有中古氛围的蜡烛造型灯具，能为空间带来沉静古朴的气息。因蜡烛灯本身造型就比较复杂，所以灯具线条最好简单一些，以突显灯本身的特殊性。同一个空间采用两盏以上，也要掌握主从关系以免失焦。

空间设计 © 森林散步设计 摄影 © 刘士诚

间接照明营造自然氛围。

间接照明在乡村风格空间中，要特别注意氛围的营造，也可利用天花板装饰木梁、线板造型等，结合间接照明设计，让光线柔和温暖犹如阳春。

图片提供 © 达睿设计

手绘陶灯的质朴手作感。

手绘陶灯的手作质感与乡村风格十分合衬，灯罩边缘如波浪又似花瓣，适合悬吊在餐桌或吧台使用，且精致小巧的尺寸不会造成压迫感。

摄影 © 方宏齐

过道或墙面以壁灯装饰。

除了提供主要照明亮度的嵌灯之外，不妨在过道、柱子或是墙面点缀壁灯，除了具有装饰功能，也让空间光线有多种层次和角度的变化。

图片提供 © 陶玺空间设计

图片提供 © 摩登雅舍室内设计

彩绘玻璃灯罩增添异国风情。

镶嵌彩色玻璃让人联想到大教堂的手工玻璃窗，或是中东北非风情的灯饰，而这些都是南欧乡村风中经常出现的元素。搭配一两盏彩绘玻璃灯罩的吊灯、台灯或立灯，让家洋溢浪漫的异国风情。

结合灯饰的复古吊扇。

营造乡村风格时，若选择灯具结合吊扇的款式，建议不要挑选灯具和扇叶都很复杂的样式，而造型简单带有复古风情的样式更能为空间带来休闲放松的感受。

图片提供 © 陶玺空间设计

图片提供 © 原木工坊

二手古董吊灯营造乡村风氛围。

设计师由欧洲带回来的手工古董
水晶吊灯，带给空间淡淡的乡村
怀旧风格，也突显出空间质感。

彩色镶嵌的伞形灯饰。

有着雨伞般外散的姿态，其实整个结
构是采用镶嵌彩色玻璃的方式完成。
几何结构的支架，连接着耀眼灿烂的
彩色玻璃，在白色天花板的衬托下更
是光彩夺目。

空间设计·森林散步设计　摄影·蔡宗昇

摄影·蔡宗昇

纯手工环保灯饰。

纯手工的风车造型陶艺作
品，放在花园里立刻增添浓
浓的日式乡村气息。灯帽上
6 片太阳能板在白天吸收艳
阳的精华后，在夜里散发温
暖光芒，非常环保。

图片提供·采荷设计

古董台灯为局部空间增添情怀。

乡村风十分重视布置效果，而
灯具是其中的一环。设计师将
典雅的古董台灯放在柚木茶几
上，搭配家人的相框摆饰，构
成家中最温馨的角落。

五金

乡村风的五金配件，往往有让人惊喜的效果。很多人会从国外的网站或者店家搜寻罕见的五金装饰，甚至知名品牌也会推出与乡村风相符的配件。只要选择独特的五金，就能让原本单调平凡的柜子或门、窗改变原貌。因此非常多乡村风同好热衷于在网络上谈论、分享，寻找特殊的配件，这也是乡村风设计与其他设计风格与众不同之处。

用黑铁把手点缀白色更衣间。

在白色柜门上，装设造型不同的黑铁把手，线条简单中又有变化，而同样的颜色与材质，也不至于让环境变得过于复杂。

空间设计 © 森林散步设计 摄影 © 刘士诚

铰链和手把是最美的细节。

乡村风格是用细节堆叠出美感，但若画面填得太满或过于复杂，反而不容易欣赏到细节之美。过道的门片选用黑色系五金，在白色的门片中就是最美好的点缀。

摄影 © 王正毅

复古造型水龙头。

以乡村风复古元素为主轴的卫浴，五金的选择更要慎重，因此这款精心挑选的复古水龙头，就成为必要配件。

复古风格的黑色铸铁卫浴五金。

浴帘轨道与莲蓬头等五金为黑色铸铁材质，复古造型极具风味。连同洗手台的水龙头、毛巾架，以及生铁镜柜等配件，全都是房主翻遍网络所搜罗到的好货。

空间设计 © 唐谷设计 摄影 ©Yvonne

外露式复古门片铰链。

在设计室内门窗装饰时，若想要有点复古感或是谷仓的粗犷效果，可选择外露式门片铰链五金，黑色在浅色或刷白门片上格外突显，在小地方亦可为质感加分。

摄影 © 王正毅

PART 3

DISPLAY

布置提案

色彩

色彩是营造乡村风的另一重要元素。日式乡村风以淡雅的色调为主轴。白色与粉嫩的色彩都很常见；美式乡村风也以白色为基调，并搭配大地色系创造丰富的层次；欧系乡村风，则偏向浓郁的色彩，例如普罗旺斯的橘黄等等，但是也会因地域不同而有些微差异。

灰蓝和米白的淡淡浪漫。

抽油烟机、嵌入式电器设计，将现代化的设备以灰蓝色系统厨柜收整出甜美浪漫的乡村情调。菱形格纹的壁砖与天花板、台面则与地板的复古砖形成对比。

空间设计 © 森林散步设计　摄影 © 方庆齐

以饱和暖色营造南欧风情。

犹如艳阳下的托斯卡尼般，以明黄色搭配红色布质沙发，在木地板的调和下，交织出热情又不失优雅的南法乡村风情。

带灰色调的成熟乡村风。

选择灰蓝色企口板厨柜，中岛也延续此色系，搭配木质台面和深色餐椅，以及黑色五金、隔屏，形成柔软又带着成熟味的空间质感。

白色与雾乡色交织出静谧感。

墙面涂刷雾乡色涂料，搭配白色线板及白色床组、边柜，并点缀灰蓝色灯具，从而营造理性与感性平衡的空间氛围。

大地色系强调放松舒压。

在用来洗去一身疲惫的浴室中，选择色调不会过于强烈的大地色系，并利用天然材质本身的色泽，搭配带灰、棕的砖材与木皮，带来优雅放松的洗浴时光。

图片提供 © 摩登雅舍室内设计

局部墙面刷色增加亮点。

南欧乡村风中经常使用大胆的橙色、明黄色、亮红色等，甚至将其混搭。若想为家中增添一些热情又不想太过奔放，可在局部墙面涂刷明亮暖色，达到画龙点睛的效果。

图片提供 © 摩登雅舍室内设计

嫩绿墙面让白家具"跳"出来。

舍弃原本的白墙面，将其涂成绿色，选择白色系的柜子、门片和窗框，让空间中的线条勾勒得更加鲜明，再搭配大地色系条纹沙发及木质家具，让家散发自然舒服的气氛。

图片提供 © 大晴设计

沉稳可可色打造庄园气度。

由于房主希望让家居风格展现美式庄园的气度，设计师以木质深色板材铺设客厅天花板，并借由颜色对比让空间看起来比实际宽敞，再以大地色系材质平衡颜色较重的天花板。

空间设计 © 森林散步 摄影 © 刘士诚

令人嘴角上扬的粉嫩色调。

两个小女孩的房间，以粉嫩的颜色陪伴她们成长。从壁纸、床组到窗帘，都选用柔和粉红色系，在不同深浅变化及材质的表现下，营造可爱又不过分甜美的印象。

天蓝色厨柜与原木架构出乡村风。

为呈现空间活泼感，特别将厨房定制的实木柜以喷漆方式喷成天蓝色；天花板则以原木架构成格子状，让空间呈现日杂风格。

夕阳红营造主卧温暖感。

将主墙面喷上的夕阳红，让空间在无阳光照射下及有阳光照射下，变化出两种不同的桃红及粉红色彩，呈现更多有趣面貌。

图片提供 © 原木工坊

图片提供 © 采荷室内设计

图片提供 © 采荷室内设计

淡绿搭配层板弱化柱体压迫。

利用浅绿色搭配木制层板及书桌，一方面增加使用的功能性，另一方面也可以弱化大型梁柱的视觉压迫感。

图片提供 © 采荷室内设计

粉紫主墙与柚木家具的协调感。

紫色偏粉色系的主墙，搭配柚木实木家具与砖红色的复古砖，为乡村风格的空间带来沉稳感。

家具

家具是乡村风的空间主角。无论是质朴的手作家具、仿古的新家具，甚至在跳蚤市场或二手拍卖市场找到的老家具，都是乡村风设计中不可或缺的一环。刷白漆、原木的色泽，让空间充满生命活力。

仿旧处理诉说怀旧情怀。

想表现带有怀旧时代感的乡村风，除了手抹墙之外，选择仿旧处理的家具，模拟斑驳岁月的痕迹，不成套混搭，都能营造出强烈的人文气息。

图片提供 ©Archehome 雅歆

图片提供 © 摩登雅舍室内设计

精品沙发营造低调的奢华。

在开阔的客厅区精心选配 Poltrona Frau 皮质沙发，采用"三一一"座对称配置，且沙发边角略带弧度的造型，与欧风空间十分合衬。

图片提供 © 采荷设计

带有弧线和花纹的家具。

乡村风家具通常会点缀花纹浮雕、弧形造型或沟槽，桌椅脚也会有曲线弧度，自然散发出柔美浪漫的气息。如再搭配花纹家饰或洗白家具单品可让风格更加到位。

图片提供 © 采荷设计

装饰性十足的实用家具。

乡村风格高明之处在于将实用功能以风格包装，不仅好看更好用。松木染色的餐柜中段设计玻璃门，让碗盘有了展示出来的机会，转角的圆弧展示层板，摆设装饰品后就成了最美的端景。

图片提供 © 采荷设计

瓷砖拼贴的多用吧台。

在蓝色松木厨柜的一旁，设计了彩砖拼贴的吧台，台面本身就是个装饰品，色彩缤纷的台面更活络了心情，在此喝茶聊天最惬意不过了。

图片提供 © 摩登雅舍室内设计

美式风格的单椅和绷布沙发。

两张扶手单椅都是经典的美式乡村风格，略低的重心坐起来相当舒适，大地色条纹款和绷布铆钉款协调混搭，大地色系的造型沙发呼应两张单椅，两旁配置边桌边柜方便置物。

图片提供 © 摩登雅舍室内设计

选对家具打造到位美式风格。

香草色的客厅空间，摆设线条柔和的沙发和单椅。统一选用带有乡村风元素的家具，像是米色与木质的沙发和桌几，搭配带灰的绿色单椅，可呈现成熟迷人的空间氛围。

厚实木桌营造稳重意象。

犹如来自中世纪宅邸的厚实木桌，搭配相对轻巧的温莎单椅，平衡空间的重量感的同时，也体现出空间的人文情怀。

温莎椅成餐厅焦点。

木质家具可增添空间温润感，若空间尺度有限，应挑选线条相对简单、轻巧的款式。开放餐厅中的木质餐桌椅，选用奶油色桌椅脚搭配胡桃木色桌面及椅面，而经典的温莎椅成为空间焦点。

空间设计 © 森林散步 摄影 © 方宏齐

手工拼贴瓷砖餐桌。

运用 13cm×13cm 的浅绿和白色瓷砖拼贴餐桌，
并利用花砖穿插其中，增加色彩的丰富性。

弧形书桌与巧妙的收纳空间。

弧形的书桌斜放面对露台，以便欣赏窗
外露台的季节变化；桌脚则用木材设计
成可放书或杂志的巧妙收纳。

创造视觉焦点的玄关柜。

在玄关入口摆放复古造型
的抽屉柜，让柜子的曲线
与艺术美感成为入口的视
觉焦点。

古董法式床头柜增添浪漫。

墙面的小碎花壁纸及绿色墙色变化，
搭配彩绘花卉的白色古董法式床头
柜，彼此之间的细致色彩相互呼应。

家饰

家饰的种类多得难以一一列举，凡家中的挂钟、门上的装饰，或者各式各样的挂画等艺术摆设，都属于家饰类。这些物品通常装饰效果大于实用功能。选用这些物品布置房子，更能凸显主人的用心，以及显现家中乡村风的氛围。

海洋风格元素。
空间以蓝色深浅条纹与蓝色沙发定调，蓝白配色延伸出海洋风，再配以家饰得以完整诠释。精选灯塔、帆船、海洋意象画作等摆饰，搭配藤篮、抱枕等，在家就能感受海洋度假风。

图片提供◎深萱雅舍室内设计

灯具搭配须注意材质造型。

客厅选用吊灯、立灯和壁灯做照明变化，灯具本身选择材质相近、色彩相近的样式，金属与布质混搭，华丽中又透露些许质朴，简单的弯折造型，丰富空间质感。

图片提供 © 禾捷室内装修设计

餐桌搭配吊灯凝聚情感。

利用过道规划四人餐桌，再搭配造型较为简洁的锻铁吊灯，为家人聚首的用餐时光增添了温暖气氛。

图片提供 © 摩登雅舍室内设计

烛台灯饰丰富家居气氛。

乡村风最受人喜爱的就是温馨的家居气氛，让人很有"家"的感觉。充满生活感的对象就是画龙点睛的元素，照亮生活的灯饰与烛台，摆设在家中角落，需要随时点亮。

图片提供 © 摩登雅舍室内设计

通过摆设让家犹如童话世界。

在角落精心规划了一个装饰用的壁炉，使其成为让身心休息放松的小小阅读角落，并以玩偶、复古玩具进行装饰，让家仿佛成了最令人向往的童话世界。

图片提供 © 森林散步设计

用灯饰转化空间气氛。

由于家具选择了稳重成熟的款式，因此在搭配灯具时，选择线条相对简单的样式，颜色也呼应房间用色，彼此协调又不会过于抢戏。

以壁灯摆设营造航海风情。

床头板用不同颜色的木板以人字形拼贴出造型，搭配金属悬臂灯和帆船摆饰，为房间注入海洋般自由不羁的气息。

营造气氛的玻璃吊灯。

灯罩有如手工雕花玻璃瓶的吊灯，点亮时光线随着表面花纹折射，为空间增添光影变化情调的同时，也带入些许异国风情。

点出空间主题的挂画。

鲜明的墙色与沙发，点出空间的活泼热情，在沙发背墙上挂画，可聚集视觉焦点，在缤纷的空间用色下，稳住视觉重心，营造丰富而不凌乱的画面感。

红砖砌制温馨壁炉。

用红砖堆砌出壁炉炉身，
打造复古韵味。壁炉内
又可装置暖炉设备，在
冬日时发挥供暖作用。

边缘装饰着立体花朵图案的白钟，
仿佛可以让时间停驻。

摄影 © 王正毅

图片提供 © 摩登雅舍室内设计

摄影 © 蔡宗昇

摄影 © 王正毅

美化浴室的镜子。

选择古朴的大镜子，搭配复古的 Bolgarli
水龙头，让原本现代感十足的卫浴空间，
也符合乡村风的整体设计。

增添趣味的铸铁挂饰。

客厅的墙面，挂着一个铸
铁挂饰，使原本纯白的墙
面因此变得趣味盎然。

织品

布饰的选用，也是很多乡村风同好们共同的话题。带着花卉等自然元素的布料，以千变万化的姿态搭配各种不同的质感的布料，改变了空间的气氛。无论是窗帘、餐垫、踏垫，或者是沙发上的披毯、卧室的床罩等，各式各样的织品可随着季节更替而变换，让人更能感受生活的乐趣。

手作感花布小窗帘。

织品布料在乡村风格中占有重要的位置，碎花布、蕾丝都是十分适合乡村风的配件。在流理台的窗前装饰碎花小窗帘，遮光效果是其次，和一旁墙壁、碗柜共同营造出浓浓乡村风才是重点。

空间设计 © 森林散步 摄影 © 方宏齐

森林风格壁纸窗帘。

儿童房保留弹性不多做设计，只利用壁纸和窗帘营造童趣气氛。选择同系列不同颜色的壁纸和窗帘，元素相似又不尽相同。柔软的云朵地垫，即使是大人看了心情也柔软了起来。

空间设计 © 森林散步 摄影 © 刘士诚

粉色纱帐营造梦幻公主风。

织品经常与壁纸或家具互相配色。女孩房墙面选择了一款粉色花纹壁纸，床组也搭配粉色系统一风格，再配上白色纱帐，就成了让小女孩为之疯狂的公主床。

图片提供 © 陶玺空间设计

图片提供 © 摩登雅舍室内设计

蕾丝窗纱犹如欧风咖啡馆。

做为区隔空间的玻璃隔屏，在及腰高度装点蕾丝窗纱，顿时让一旁的餐桌空间变身欧风咖啡馆，成为女主人举办下午茶宴友的绝佳场所。

图片提供 © 陶玺空间设计

盖毯、地毯温暖卧室气氛。

卧室是放松睡觉的地方，培养睡眠情绪，适时加入温暖的元素准没错。除了棉被，国外很流行的盖毯和地毯也可带来意想不到的效果。舒服的触感，是放松心情给予温暖的织品好物。

格纹窗帘的乡村情怀。

洋溢自然风格的室内，以粉蓝墙和条纹壁纸铺设空间，窗帘则选用双层款式，一层纱帘，一层白绿格纹纱帘，为空间带来平和自然的气息。

空间设计 © 森林散步 摄影 © 刘士诚

碎花罗马帘搭配白纱帘。

罗马帘省布料又平整，可搭配白纱帘营造层次变化，也能自由调整进入室内的光量。

图片提供 © 摩登雅舍室内设计

空间设计 © 森林散步 摄影 © 方宏齐

长毛地毯的温柔触觉。

脚的触觉也相当敏感，上下床时踩踏在冷硬的地板与长毛地毯上感受完全不同。地毯选择与床几乎等长的尺寸，以避免尺寸过小容易滑动踩空的情况发生。

空间设计 © 森林散步 摄影 © 方宏齐

营造童趣的装饰挂旗。

卧室除了通过床品和窗帘等织品营造风格之外，加上巧思与一些创意也能创造视觉效果。以布质万国旗装点儿童房来增添热闹节庆的气氛，培养孩子的无限想象力。

碎花窗帘布增加乡村氛围。

搭配南方松的阳台呈现出浓浓的休闲风，为强化乡村风格，在主卧落地窗处挑选菊黄色的窗帘布做搭配，带出柔美的氛围。

图片提供 © 采荷室内设计

深蓝色窗帘增添神秘及浪漫感。

将窗改为原木材质，搭配深蓝色垂帘及区隔餐厅与公共空间的花卉窗帘，不但呼应厨房的蓝，也凸显出染黑餐桌的深色。

图片提供 © 原木工坊

空间设计 © 森林散步设计　摄影 © 蔡宗昇

木格门加装纱帘且不做满。

木制大门镶嵌着透明玻璃，让光透入室内。拥有一双巧手的女主人为门裁制了半腰高的门帘，恰巧阻挡外部视线的进入，又不影响光线穿透。

小碎花窗帘营造浪漫感。

通往阳台的大片落地门，搭配小碎花窗帘布，让房间弥漫乡村休闲度假感。

图片提供 © 原木工坊

杂货

不论是日式乡村风、美式乡村风，或者欧系乡村风，都有很多别具风味的杂货。可能是生活中不可或缺的瓶瓶罐罐，或者料理用的器具，甚至于锅碗瓢盆、浇花壶等，只要用心寻觅、布置，就可以让整个家更有乡村风的味道。

造型黑板点缀玄关空间。

以文化石墙铺设进出频繁的玄关墙面，然后设计一个木框黑板可留言给家人，搭配白色挂物架及时钟，从玄关开始就特别有乡村风的感觉。

图片提供 © 上阳室内装修设计

图片提供 © 摩登雅舍室内设计

以陶偶摆饰装点厨房。

以复古砖铺设厨房的地面和墙面，墙壁则挖出一个凹洞可以摆设装饰品，像是小厨师、人偶脚踏车花架，让做菜时的心情也跟着放松起来。

图片提供 © 摩登雅舍室内设计

吸睛的鸟笼造型挂饰。

墙面配有拱形门与壁龛，营造出浓浓南法风情。红土陶盆种上植物有普罗旺斯的意象。家人旅游拍的照片与纪念明信片挂在墙面的铁制鸟笼造型挂饰内，将成为独一无二的家居装饰。

仿旧世界地图营造知性感。

文化石墙结合书柜设计，让客厅空间犹如图书馆。单椅后方的墙面挂上绘制了世界地图的特色挂饰，木片上的斑驳陈旧感更增添人文气息，与乡村风格十分合拍。

图片提供 © 摩登雅舍室内设计

图片提供 © 摩登雅舍室内设计

旅行世界收集城市杯。

房主有收集城市杯的习惯，为了将从世界各地带回的战利品展示出来，遂在休憩角落的墙面为城市杯设计了专属陈列区，成为家人和访客聊天的热门话题。

风格独特的复古特色挂钟。

在家中过道装饰复古钟，犹如
漫步欧洲街道上。再与壁炉、
复古砖地板和玻璃隔屏搭配，
让家居场景沾染了异国气氛，
犹如置身国外一般。

直排吊灯成为餐厅亮点。

造型独特的直排吊灯，与长型餐桌十分契
合。金色灯具为空间注入一丝华丽感，且
与明亮的墙色彼此呼应，餐桌上摆出餐具、
食物就是桌面最棒的装饰。

照片墙叙述家庭的回忆。

选择相框时，不一定要形状大小一样的，但须掌握异
中求同的概念。例如，虽然有圆方两种造型，但若都
是木质框，就能统一视觉。例如，另外，照片色调一
致摆起来才不会显得凌乱。

利用挂画活络墙面风格。

除了线板、墙色之外，通过挂饰
就能简单快速变化墙面风情。除
了可以挂一张大画，也能拼组几
张小画。要注意间距和画面色调
的协调性，是陈列时的重点。

浪漫时光进驻装饰鸟笼。

小巧的鸟笼吊饰，不但可吊挂、摆放，也可以换上清新的绿意植物或欢笑时光的珍贵相片。

抽油烟机外罩上的杂货风情。

木制抽油烟机罩上框边的线条自然形成一道"∏"字型收纳平台，放置纤瘦的瓶瓶罐罐、调味用品，方便信手取用。

各式杯子变成房间背景墙。

造型简单的杯架结合收纳橱柜，悬挂在橱柜的台面上端，取用轻松方便。家人使用的杯子则挂在墙上，与黄色壁板相衬，显得温馨怡人。

二手旧物与陶罐的新生。

老旧的木架、早已停摆的闹钟、做鞋的鞋模以及大大小小的陶罐、木制的奇异鸟，以及墙上的石膏像，在巧思布置之下都有了新生命。

植物

营造乡居空间氛围，植物是不能缺少的配角。不论在客厅、厨房甚至卫浴的角落、卧室、书房的窗台，都可以用绿色植物来装饰，让空间充满绿意，显得生意盎然。可以依照个人的生活习惯与空间的特性，选择不需要天天浇水的小型观叶植物，或长绿不落叶的盆栽，作为室内的空间装饰。

在玄关摆设迎宾植物

在进出频繁的玄关区摆设常绿植物，能转换情绪，将叶子修剪成球状造型感觉精神满满。若玄关无日照，建议选择耐阴的植物，或是定期搬动让它晒晒太阳。

图片提供◎摩登雅舍室内设计

大型木本植物营造大气感。

若是想要营造开阔、大气感受，可以选择木本类或较为高大的植物摆放在空间角落，造成比例上的反差效果，让空间感变大。但大型植物因土、盆较重不便移动，所以最好在有日照的角落种植。

图片提供 © 上阳室内装修设计

用小盆栽活泼室内气氛。

在小户型的房子里点缀一些不需费心照顾的小盆栽，如常春藤或多肉植物等，能让气氛变得活络，在方正空间中增加自然活泼的气息。

图片提供 © 郭璇如室内设计工作室

图片提供 © 尚展设计

常绿植物增添度假风情。

想营造具有度假感的乡村风格家，可选择大中型观叶植物作为家中摆设，带来在东南亚度假的风情。须注意叶子要定期修剪，不要过度茂盛，避免显得阴暗杂乱。

窗台上的自然绿意。

可利用家中的窗台，种植一些香草植物或花草，营造国外住宅窗台上花团锦簇、绿意盎然的小景观。若是种在窗户的外侧则要注意固定，避免掉落。

图片提供 © 摩登雅舍室内设计

PART 4

SHOP

严选好店

01 GRANGE 可昂居

樱桃木里的法国香

位于天母的可昂居，主要代理法国品牌 GRANGE，同时也是因为经营者本身对 GRANGE 的喜好而成立。由一开始向国外采买售卖到 2001 年正式代理，可昂居将 GRANGE 承袭法国装饰艺术风格的樱桃木家具介绍给国内的消费者。GRANGE 的家具设计上，主要以方形或圆形为造型为基础，在线条间融入了路易十五、十六时期的艺术精神。并且，GRANGE 强调纯手工制造，无论雕工、图案、纹理或刷色等处理，皆可见其独特性，呈现出品味极佳的自然休闲感。

ⓓ 台北市士林区忠诚路二段 134 号 1 楼
ⓣ 02-2876-8242
ⓦ www.paishin.com.tw

02 米罗柚木

彩玻灯、手染原木，英式风情

以灯具、家具、木器为主，走进米罗便能感受到厚实的原木气息，略带印度民族风情，同时却也飘散着英式情怀的乡村感家具比比皆是。无论是柜体或者床组桌椅，还是可以触摸得到的柚木面材，就连抽屉底板、床架、排骨架，皆与家具本体一样以柚木构造而成。除了原木家具，米罗独选了英国品牌 HALO 的牛皮沙发，且以其质量考虑为优先。从 1976 年至今，米罗最初可说是以灯具起家，其中 Tiffany 彩绘玻璃灯具，以及各式吊灯、台灯，皆有其特色。此外，就空间陈设也可请米罗代为规划。

ⓓ 台北市中山区民生东路二段 42 号
ⓣ 02-2562-4756
ⓦ www.miro.com.tw

03 微笑家居

走入南法的自然大地

就在宁静的青田街巷弄转角，在绿意植物与木家具的交错中，敞开门就流泻出浓浓的南法风情。老柚木桌柜是店内的基调，搭配大地感的南法情怀，休闲与温暖兼具。平均每一个半月就会更换新品，家具是法国的公司所生产，加上老板很会找东西，店内从家具、灯饰到厚实的铜件把手，以及带有欧洲文化意涵的雕花，凡是生活空间里的各式对象，都可在此寻着。不只是提供家具家饰选购，也可帮客人做家居规划与空间配置，让老柚木与南法气息闲适而沉稳地注入家中。

🏠 台北市大安区青田街 2 巷 21 号
📞 02-2357-8989
🌐 www.smileliving.com.tw

04 LuLu HOME 精致家饰

各式乡村风家具一店购齐

因为自己十分喜欢国外欧式风格的家具及饰品，老板娘 LuLu 早在十多年前，就开立这家「LuLu HOME 精致家饰」。店内网罗了她从国外采购的各式物品，像是意大利织锦画、铜雕、水晶杯、机械钟、奥地利水晶灯、俄罗斯蛋雕、英国瓷器、古典铜灯等上千种饰品，以及来自意大利、美国、英国，甚至日本及韩国等约有近百款的古典或乡村风格家具，甚至家饰布也可以一同搭配。近二千坪的家饰馆被布置得美轮美奂，也因此造了就她独特的设计风格，并且愿意帮忙接案布置及打造客户的乡村风家。

摄影 ©Amily
🏠 台中市文心路三段 266 号
📞 04-2315-1189

05　艾维恩灯饰

樱桃木里的法国香

拥有上百坪展售空间，大型吊灯、精致摆饰、居家精品一应俱全。店主本身有外销灯具的经验，常常入手许多各国风格灯饰，以古典风格灯具、水晶灯饰为主，材质多为锻铁、玻璃，且款式众多，货色十分齐全，也能给客人尺寸、造型、风格方面的专业建议。

摄影 ©Amily

🅳 桃园县桃园市同德五街 135 号
☎ 03-356-4599
🅦 www.avionhome.com.tw

SHOP 家具家饰店

06　法国乡村家具在鼎恩

代理法国 ANTIX 家具品牌外也有自己的灯饰产品

开在彰化市金马路上的这家鼎恩灯饰已超过 20 年的历史，早期是因为男主人自己做灯饰外销，并因缘接触到法国 ANTIX 品牌的家具，很喜欢其木作质感，因此开了这家店，目前已交由第二代经营，男主人也会自己 DIY 一些灯饰在店里售卖。占地 200 坪的店里，除了 ANTIX 的 P4R 系列家具外，还有不少 Tiffany 精典灯饰、意大利进口灯饰及琳琅满目的家饰品，让人爱不释手。如果不知如何布置自己的乡村居家风格，第二代的女老板可以提供建议，而且欢迎大胆地问，她对于欧美乡村风品牌知识十分丰富。

摄影 © 蔡宗昇

🅳 彰化市金马路二段 166 号
☎ 04-735-3866
🅦 clairescottage.pixnet.net/blog

07　APHRODITE 欧洲跳蚤市场

逛杂货，迷途在欧洲

APHRODITE 以贩卖二手家具杂货为主，目前收购对象来自于欧洲 7 个国家，包含英、义、法、德、荷兰、比利时、奥地利。亲自去往实地挑货是该店最大特色，不走跳蚤市场路线，当地拥有专属仓库与工作人员，负责与各国老字号店家接洽，以取得质精品相佳的老件良品。因此，店中许多淘到的 50 年前的名牌杯盘几乎都有 9 成新，甚至还有未曾使用过的。只要一走入 APHRODITE，从家具到小物，数量之多，大半天才能逛得尽兴，就像走在欧洲古董老街般，途中一个不经意，就会遇见大小惊喜。

Ⓓ 台北市内湖区民权东路六段 16 号之 1 ~ 3
☎ 02-2791-5008

08　艾美精品家居（概念店）

各式乡村风家具一店购齐

让家自在舒适为选品主旨，艾美精品家居代理进口美国的百年精品家具品牌、家饰，将美式生活风格的舒适与个性带入台湾家居市场。其主要代理 LEXINGTON、STANLEY、HICKORY WHITE 等品牌。他们深刻理解台湾和欧美文化的不同，并整合配置出适合每位顾客的生活场景，传递温暖、舒适的人文居宅内涵。

摄影 ©Amily
Ⓓ 台北市内湖区新湖一路 128 巷 15 号 2 楼
☎ 02-2791-3089
Ⓦ www.fhboutique.com.tw

09 榭琳家饰

从平价到高价一应俱全

成立于 1997 年，平价至高价货色齐全，主要经营窗帘、壁纸、家饰、家具等项目，代理 VALLILA、HARLEQUIN 等品牌，提供数千种窗帘布品，从窗帘到家饰织品选配可一站购齐，且重视顾客售后服务，凡是更换尺寸、窗帘清洁等问题，都能替顾客解决。250 坪的展示空间，除了可以选购织品之外，还有家具家饰展售。

图片提供 © 榭琳家饰
🄳 台北市信义区永吉路 302 号 B1
☎ 02-2748-6768
🆆 www.sherlin.com.tw

10 Archehome 雅致

激起无限想象的涟漪

雅致主要提供全方位的室内配置及设计服务，尤其近年来，掀起一股以家具为主线的室内设计潮流，其中乡村风格家具与家饰的柔美融合，效果更是令人惊艳。因此，雅致以代理英国织品品牌 Sanderson 二十多年的经验，将旗下商品拓展，逐步涉及家居各类元素。以丹麦 Elementi、意大利 Grande Arredo 等共二十余种主题家具选集，搭配英国 Sanderson、Morris、西班牙 Lizzo、芬兰 Marimekko 等织品，以家具、柜、窗帘、壁纸与饰品等全盘考虑，协助人们建构一个更舒适的家。

图片提供 ©Archehome 雅致
🄳 安和门市 | 台北市安和路二段 64 号
☎ 02-2704-8766
🆆 www.archehome.com.tw

01 百信建材

激起无限想象的涟漪

创立已有 30 年的百信建材，主要代理进口瓷砖，如 VENIS、Porcelanso、enternity bysalonl、PROVENZA、iris、Dado/aparici、Vitrum 等等，样式齐全，深受设计师们的喜爱。早期从高雄做起，2000 年到台北设点，目前连台南、台中都有分店。为了让一般消费者也能清楚了解每块瓷砖在家中呈现的氛围，它打破一般建材行以拉板呈现的方式，将 300 多坪的展场划分为一间一间的 show room，让顾客可以获得直观感受。

Ⓓ 总公司 | 高雄市三民区九如一路 142 号
Ⓣ 07-384-8834
Ⓓ 台北公司 | 台北市金山南路一段 72-1 号
Ⓣ 02-3393-3123
Ⓓ 台中分公司 | 台中市西区五权路 2-30 号
Ⓣ 04-2372-8166
Ⓓ 台南分公司 | 台南市健康路二段 239 号
Ⓣ 06-261-3290
Ⓦ www.paishin.com.tw

02 一顺进口瓷砖·名厨

瓷砖拼花美术馆

走入古色古香的肋拱式回廊，在一顺位于台中的旗舰店内占地百坪以上的双楼层展场空间里，设计新颖时髦的售卖场内，弥漫着浓浓的顶级购物氛围。而场内更结合旗下两大主打产品：厨具与瓷砖。一顺将所代理的意大利、德国美形厨具，与进口自意大利、西班牙的各类精品瓷砖、复古砖、花砖等交织出古典、乡村、前卫、时尚等多元家居风格。而里面的每一道墙面或楼梯，无不是一顺所展示的瓷砖拼花艺术，使得整个空间宛如瓷砖美术馆，展示着各种为空间画龙点睛的技法。

摄影 © 蔡宗昇
Ⓓ 高雄分公司 | 高雄市光华一路 1 号
Ⓣ 07-338-6589
Ⓓ 台中分公司 | 台中市五权西路二段 205 号
Ⓣ 04-2472-0101
Ⓦ www.greatyear.com.tw

03 GREAT STONE（沛特贸易）

充满原石感的人造石材

以文化石（人造石）建材为主要商品，沛特贸易算是最早从美国引进该素材的厂商。文化石是为减少天然石材过度开采而研发的替代石材，经过水泥二次加工，可以转换成各种风貌的石与砖，充满粗犷自然的风味，无论是使用于家居内部，或是户外空间皆十分适合。在门店展示区里，可以看到多种多样的石材陈设，无论是具有美式风格的白色方砖、带有古堡气势的原始石，还是乡村风质地的红砖，都只有天然石材重量的 1/2，加上施工的便利性和环保的优势，受到许多设计师的喜爱。

📍 台北市杭州南路一段 6 巷 10 号 1 楼
📞 02-2396-7991
🌐 www.bestmate.com.tw

04 美瑞格地板（日鼎国际）

乡村风也可以很环保

以进出口原木起家的日鼎地板负责人方老板在缅甸选材时眼见林木大量砍伐后的荒凉景象，不禁重新思考环保与原木大量耗损的问题。一次机会，他在美国接触到超耐磨地板，不但将这种素材引入，还针对台湾潮湿气候对其加以改良，从而适应环境需求，开发出美瑞格地板。

对于喜爱乡村风的人，可以依据美式乡村风或日系自然风而有不同的选择。带有树木生长纹路的田纳西橡木，或是北国白松超耐磨地板，因其原始韵味，十分适合美式乡村风装饰。而橡木染白的地板因其清爽的质地，则是日系风爱好者的最佳选择。

📍 台北市信义区永吉路 187 巷 27 号 1 楼
📞 02-2767-0102
🌐 www.mercury-floor.com

05 东顺五金

来自日、意的门面精品

每到营业时间，走入东顺五金的不只是一般客户，还有许多前来询价与发掘新产品的设计师，忙碌的工作人员总能清晰而有效率地为不同类型客户进行解说。专营门把五金与厨柜五金的东顺五金的名号在业界早已十分响亮，进口代理的产品以意、日品牌为主，如日本的 KAWAJUN、UNION 或是意大利的 Valli & Valli。店内井然有序的陈列，将门把五金与厨柜五金明确分区，无论现代风、华美时尚风，或是浓厚的乡村风格，都能在此寻着，也为自家的门面与柜面搭配出独特风格。

D 台中市南屯区文心南五路一段 529 号
T 04-2380-8860
W zh-tw.facebook.com/orientstar216

06 台湾阿成五金

纯 MIT 的把手五金一应俱全

乡村风家具除了原木打造外，其中的陶瓷、五金把手及造型活页片，更是点睛之品。而这类五金饰件其实很早以前台湾便自己生产制造并外销。近几年因乡村风盛行，厂商便转至台湾销售，网路上久负盛名的"台湾阿成五金"便是这样的情况。无论是双孔把手或单颗把手，还是活页片纹炼、箱扣、挂钩等，样式多达上千种，全部都是台湾工厂自己做的。因近年来台湾的木工教室盛行，店铺也开始涉及零售领域，并接受网络订单。

摄影 © 蔡宗昇
D 台中市南屯区文心南五路一段 529 号
T 04-2380-8860
W www.mydiy.tw

内 容 提 要

　　就是爱自然、有温度的家。

　　乡村风格的居家设计，始终拥有一群忠实的拥护者，他们热爱自然的材质、简单的风格、舒适的生活场景。然而乡村风中还有许多小分支，各自不同的细节在微妙之处尽显特色。

　　如何打造自然乡村风格呢？本书详解了18个精彩设计案例，让你体验欧风、英伦、美式、日杂等各种不同风格的乡村氛围，引发对生活的更多想象。而后，进入乡村风格的关键细节，如天花板、地板或门窗、壁面及收纳柜的设计手法。从全面到细节，乡村风格立现。在整体空间架构好之后，软装更是打造不同风格的重要环节，运用家具、色彩或是杂货，便能为空间加分不少。

北京市版权局著作权合同登记图字：01- 2017-5517 号

　　《就是爱住乡村风的家：欧风·英伦·美式·日杂，550 个乡村风格生活提案》中文简体版 2017 通过四川一览文化传播广告有限公司代理，经台湾城邦文化事业股份有限公司麦浩斯出版事业部授予中国水利水电出版社独家发行，非经书面同意，不得以任何形式，任意重制转载。本著作限于中国大陆地区发行。

图书在版编目（Ｃ Ｉ Ｐ）数据

　　就爱住乡村风的家 / 漂亮家居编辑部著. -- 北京：
中国水利水电出版社，2017.9
　　ISBN 978-7-5170-5893-9

　　Ⅰ．①就… Ⅱ．①漂… Ⅲ．①室内装饰设计 Ⅳ.
①TU238.2

中国版本图书馆CIP数据核字 (2017) 第233417号

策划编辑：庄　晨　责任编辑：邓建梅　封面设计：梁　燕

书　　　名	就爱住乡村风的家 JIUAIZHU XIANGCUNFENG DE JIA	
作　　　者	漂亮家居编辑部　著	
出版发行	中国水利水电出版社	
	（北京市海淀区玉渊潭南路 1 号 D 座　100038）	
	网　址：www.waterpub.com.cn	
	E-mail：mchannel@263.net（万水）	
	sales@waterpub.com.cn	
	电　话：（010）68367658（营销中心）、82562819（万水）	
经　　　售	全国各地新华书店和相关出版物销售网点	
排　　　版	北京万水电子信息有限公司	
印　　　刷	北京天恒嘉业印刷有限公司	
规　　　格	160mm×210 mm　16 开本　13.5 印张　286 千字	
版　　　次	2017 年 9 月第 1 版　2017 年 9 月第 1 次印刷	
定　　　价	68.00 元	

凡购买我社图书，如有缺页、倒页、脱页的，本社营销中心负责调换